上海大学出版社

2005年上海大学博士学位论文 57

竖炉法冶炼不锈钢母液的理论及工艺研究

- 作 者：李 一 为
- 专 业：钢 铁 冶 金
- 导 师：丁 伟 中

A Dissertation Submitted to Shanghai University
for the Degree of Ph. D in Engineering (2005)

Theory and Process Research on Producing Stainless Steel Master Alloys in a Shaft Furnace

Candidate: LI Yiwei
Supervisor: DING Weizhong
Specialty: Ferro-metallurgy

Shanghai University Press
• **Shanghai** •

摘　要

　　我国要实现由钢铁大国向钢铁强国的转变,应对日益激烈的不锈钢市场竞争,就有必要开发一条符合中国国情的,具有自主知识产权的不锈钢生产新工艺。为配合宝钢集团上海一钢公司年产 72 万吨不锈钢项目工程的建设,解决不锈钢所需铬源问题,本文提出了采用竖炉法熔融还原直接冶炼不锈钢母液的新工艺。因此,围绕着竖炉法直接冶炼不锈钢母液的实践和理论研究这一主线,开展了卓有成效的研究工作。

　　本文第二章从不锈钢母液制备工艺角度出发,介绍了制备技术的新进展及不同工艺的技术特点,比较了它们的生产成本和经济效益。综合起来认为:目前在采用竖炉新技术的背景下提出竖炉法直接冶炼不锈钢母液不仅具有技术上的先进性,更具有经济上的合理性。

　　为确保实现在竖炉上直接冶炼不锈钢母液的工业试验顺利完成,试验前专门进行了理论分析、详细的工艺计算以及一系列的工艺准备实验。工艺计算包括配料计算、物料平衡、热平衡和理论焦比计算。工艺准备实验中主要进行了渣型的选择及炉渣黏度的测定;含铬炉料的熔融滴下性能的测定;不锈钢母液液相线及其流动性能的测定。经过现场的精心筹备,上海大学与宝钢集团上海一钢公司合作在 255 m³ 普通高炉上成功实现了直接冶炼不锈钢母液的工业试验,这是我国首次在竖炉型反应器中成功地进行不锈钢母液的工业性生产,试验中获取的大量现场数据为不锈钢母液生产新工艺的决策提供了重要的技术和经济指标依据。

9 天的试验期间共生产了含铬量 5‰～21.3‰的不锈钢母液近千吨，铬收得率高达 98.02‰，高炉炉况稳定顺行，渣铁排放正常。试验中还将含铬量 15.6‰的 35.86 吨不锈钢母液由转炉冶炼后，再经连铸和轧制加工得到了某种不锈钢板材，实现了不锈钢生产全流程的贯通，整个试验达到了预期的目的。

在实验室模拟竖炉内不同部位所发生的物理化学变化，以期获得较完整的铬矿石还原机理和规律的知识。本文主要模拟了铬铁矿在竖炉上部块状带的固态还原以及在熔融滴下过程中的还原，揭示了铬铁矿在这些条件下的还原机理。

模拟竖炉上部较低的温度和气氛条件，同时采用质谱仪气体分析法和失重分析法研究了添加铁矿时对铬铁矿球团碳热固态还原的促进作用以及温度、矿物颗粒尺寸、还原剂种类、球团配碳量和不同矿物比对球团还原率的影响。

研究结果表明：(1) 球团中铁矿的含量增加，能促进球团中铬矿的还原，含澳铬矿/铁矿比为 1/5 的球团经过 25 分钟 1 100℃的还原能明显地观察到铬矿边沿产生了部分还原。(2) 含碳铬矿铁矿混合球团的固态还原受温度的影响较大，温度越高，球团的最终还原率也越高。含澳铬矿/铁矿比为 2/5 的混合球团在 1 100℃时主要是完成了配入的铁矿和铬矿中铁氧化物的还原。球团中铬氧化物开始还原的温度至少应该高于 1 150℃。(3) 矿石颗粒的粒度越小，还原反应速度越快，试样的最终还原率也越高。但矿石粒度细到一定程度后对进一步提高还原率的贡献不大。(4) 焦炭的还原特性优于石墨碳,球团配碳量增加,其还原率提高。但一定温度下存在一个最佳的含碳量。(5) 澳大利亚铬矿的还原性略好于伊朗铬矿。

通过实验结果,还分析了铬铁矿固态还原时的反应速率限制环节。还原初始期,还原反应的速率限制环节受 Boudouard 反应控制;高速反应期为 Boudouard 反应和扩散混合控制,还原机理模型为 $1-(1-Rc)^{\frac{1}{3}} = \kappa_{表} \cdot t$;还原后期限制环节为气态产物的扩散。实验测得含澳铬矿/铁矿比为 2/5 球团还原时的表观活化能为 72.2 kJ/mol。

通过模拟竖炉条件下含铬铁矿炉料的熔融滴下过程,利用光学、SEM 及能谱分析技术,研究了铬铁矿在熔融滴下过程中的还原机理。实验结果表明:在炉料的熔融滴下过程中,含铬混合炉料中的铁矿将优先于铬矿而得到还原,而铬铁矿中的铁氧化物还原又优先于铬氧化物的还原。后落下的渣铁滴下物中铬铁矿的还原程度要比先滴下的高,而后滴下的金属珠中铬含量也相对较高。

分析认为铬铁矿在模拟竖炉滴下过程中的还原可分为两个阶段,首先是铬铁矿在熔融前通过 CO 气体的间接还原;其后由于温度较高以及渣相的形成,铬铁矿部分溶解进入渣中,与固体碳接触后直接从渣相中还原出来。CO 气体对铬铁矿的还原具有气固未反应核模型特性,而含 FeO 与 Cr_2O_3 的熔渣与固体碳的反应则绝大多数是熔融还原反应。

另外,在工业试验高炉的拆除过程中采集到了铬铁矿、炉渣等试样,通过光学、扫描电镜观察及微区点成分能谱分析,研究了铬铁矿在高炉各个部位的结构形貌变化、成渣及还原行为。最后结合铬铁矿固态还原机理和在熔融滴下过程中还原机理的实验研究结果以及普通高炉炼铁的相关知识,对铬铁矿在高炉实际冶炼不锈钢母液时炉内的还原过程及机理作出推断。

关键词　不锈钢母液、竖炉、铬铁矿、熔融还原、工业试验、固态还原、还原机理

Abstract

In order to implement the transition from the big iron & steel nation to the strong iron & steel nation and reply to the increasingly ardent competition of stainless steel market. It is necessary to develop a new producing process of stainless steel which accords with the situation of China and possesses independent knowledge property rights. Aim to help the project construction of 720-kiloton/y stainless steel at Shanghai No. 1 Iron and Steel Co. Ltd., Baosteel Group, and resolve the lack of chromium, a new process of producing stainless steel master alloys by smelting reduction in a shaft furnace has been put forward in this thesis. Therefore, fruitful research have been carried out according to the main line of practice and theory of directly producing master alloys by a shaft furnace.

From the view of the preparation methods for stainless steel master alloys, some new developments of producing process and their technical characteristics have been introduced in chapter two. Production costs and economic benefits have been analyzed. It is obtained that the new process not only possesses advanced technology but also economical rationality under the background of using newly technology in a shaft furnace at present.

In order to ensure the success of industrial test of directly producing master alloys in a shaft furnace, theoretical analysis, detailed process calculations and a series of process experiments were completed. Process calculations involved the charge calculation, material balance calculation, thermal balance calculation and theoretical coke ratio calculation. Process preparation experiments included the selection of slag styles and the determination of slag viscosity; the performance mensuration of charging material bearing chromite during smelting dropping; and the determination of liquidus line and the flowing property of master alloys. Being well arranged on-site, the industrial test producing stainless steel master alloys was successfully performed in a 255 m³ BF by Shanghai University and Shanghai No. 1 Iron & Steel Co. Ltd., Shanghai Baosteel Group Corporation. It is the first time for China to industrially produce stainless steel master alloys in a shaft-type reactor. A great deal of data, with which can provide important technical and economical basis for the decision of the new process, were obtained by the industrial test.

Nearly 1,000 ton of stainless steel master alloys with chromium contents from 5% to 21.3% were trouble-freely produced during the period of nine trial days. The chromium recovery rate was up to 98.02%. The operation of BF was smooth. The slag and hot metal produced had good fluidity. By converter refining, continuous casting and rolling, 35 ton master alloys with 15.6% chromium were processed into stainless steel plates. Thus whole technological process for producing stainless steel started from the BF was established. The expected objective was achieved for the whole test.

The physical chemistry changes at different parts of shaft furnace were simulated in laboratory. So the whole mechanism and regularity about chromite reduction have been obtained. The solid state reduction of chromite at the upside in shaft furnace and the smelting reduction of chromite during smelting dropping were studied in this thesis. The reduction mechanisms of chromite under the different conditions were elucidated.

Being simulated the condition of lower temperature and appropriate atmosphere at the upside of the furnace, the positive role of iron ore addition on the carbothermic solid state reduction of chromite briquet was investigated by the mass spectrometer and the loss of weight analysis method. The effects of temperature, ore size, reductant, carbon addition as well as the ores' proportion on the reduction of chromite briquet were also studied.

The results investigated show as follows: (1) The reduction of chromite was promoted by adding more iron ore in briquet. It was obviously observed that the edges of chromite in briquet which containing 1/5 of Australian chromite to iron ore were partly reduced in 25 minutes at 1,100℃. (2) The effect of temperature on the solid reduction of admixture briquet was significant. The higher the temperature was, the higher the final reduction rate was. It was only the reduction of iron ores and iron oxides in chromite that could be completed at 1 100℃ when the briquet contained 2/5 of Australian chromite to iron ore. It was found that the starting reduction temperature of chromium oxide in briquet would be higher than 1,150℃ at least. (3) The smaller the size of ore was, the faster the reduction speed and the final reduction rate got. But it was difficult to increase the reduction with further smaller size of ore. (4) The reducing characteristic of coke was superior to that of graphite. The reduction of chromite briquet was improved with the increasing of carbon content in briquet. But there existed an optimum content of carbon at a particular temperature. (5) The reducing characteristic of Australian chromite was better than that of Iranian.

The reaction rate limiting steps of the solid-state reduction were also analyzed through experiment results. The rate was proposed to be controlled by Boudouard reaction in the initial stage of reduction; In the second stage, the rate was considered to be mixed-controlled by Boudouard reaction and diffusion, in which the reduction mechanism was described with a rate equation as: $1-(1-Rc)^{1/3} = \kappa_{表} \cdot t$; and the diffusion of gaseous products was the rate limiting step in the latter stage. The results indicated that the apparent activation energy was about 72.2 kJ/mol for the briquet containing 2/5 of Australian chromite to iron ore.

The reduction mechanism of chromite during the smelting dropping was explored by means of optical micrograph analysis, scanning electron microscope (SEM) and energy dispersive X-ray analysis (EDAX) under the simulated condition in shaft furnace. The results indicated that the iron ore of the mixed charge would get reduced prior to chromite, while the reduction of the iron oxides in chromite was prior to that of chromium oxides. The reduction degree of the chromite that dropped later was much higher than that of dropped earlier, while the content of chromium in the metal bead dropped later was relatively high.

The analysis showed that the reduction of chromite during the dropping in the simulated shaft furnace was found to occur in two stages. Firstly, chromite ore was reduced indirectly with CO, which can be described well by the unreacted core model. The second stage was involved the dissolution of chromite ore into the slag, and direct smelting reduction was initiated by solid carbon, while the reaction of slag containing FeO and Cr_2O_3 with solid carbon were mostly to be the smelting reduction.

Furthermore, the structure changes of chromite, the behaviors of slag forming and the degree of chemical reaction in different parts of the furnace were investigated by means of optical micrograph analysis, SEM and EDAX. The studied samples of chromite and slag lumps were collected from each part of the furnace during its dissection. Combined with the experimental results of the solid-state and smelting reduction mechanisms of chromite, and the knowledge of iron-making in BF, the reduction process and mechanism of chromite in practical BF, in which the stainless steel master alloys were produced, were finally concluded.

Key words   stainless steel master alloys, shaft furnace, chromite, smelting reduction, industrial test, solid-state reduction, reduction mechanism

目 录

第一章 绪 论

20 世纪初,由于理论的进展和工业发展的需要,几乎在同时好几个国家都研制成功了不锈钢。1911 年 Dantsizen 研制出一种低碳铁素体 Cr13 系不锈钢,其成分与目前的 1Cr13 相似。1909—1912 年,Maurez 和 Stauss 研制了含高铬的马氏体系不锈钢,命名为"VIM",而将奥氏体系的不锈钢命名为"V2A"。后者就是今天的 18-8 型不锈钢的雏形,当时它的成分范围是:0.25%C,20%Cr 和 7%Ni[1]。后来通过对 V2A 钢的耐蚀性、加工性和机械性能不断进行研究,使之发展成为现在的 1Cr18Ni9、1Cr18Ni9Ti(AISI302、304)。1910—1914 年,作为现代不锈钢基础的 1Cr13~4Cr13,Cr17~Cr28,18-8 等马氏体、铁素体和奥氏体不锈钢都先后问世,可以说经历了近百年的不懈努力,人类终于找到了具有工业实用性的不锈钢雏形。

只有当钢中铬含量≥12%后才使其具有不锈性,因此,不锈钢的铬含量一般均在 12%以上,这是不锈钢的一个共同特点。根据不同用途对性能的要求,用 Mo、Cu、Si、N、Mn、Nb、Ti 等元素合金化或进一步降低钢中的 C、Si、Mn、S、P 等元素,研制出许多新钢种。表 1-1 为几种不锈钢典型钢种的成分。

表 1-1 不锈钢典型钢种的成分[2]

中国钢号	日本 JIS	美国 AISI	成　　分			
			Cr	Ni	C	Mo/Ti
1Cr13	SUS410	410	11.5%~ 13.5%		≤0.15%	
1Cr17Ni2	SUS431	431	16%~ 18%	1.5%~ 2.5%	≤0.17%	

续　表

中国钢号	日本 JIS	美国 AISI	成　　分			
			Cr	Ni	C	Mo/Ti
1Cr17	SUS430	430				
1Cr17Mo	SUS434	434	16%～18%		≤0.10%	2.5%Mo
1Cr17Ni7	SUS301	301	16%～18%	6%～8%	≤0.15%	
1Cr18Ni9	SUS302	302	17%～19%	8%～11%	≤0.15%	
0Cr18Ni9	SUS304	304	17%～19%	8%～11%	≤0.08%	
0Cr17Ni12Mo2	SUS316	316	16%～18%	10%～14%	≤0.08%	2%～3%Mo
1Cr18Ni9Ti			17%～19%	8%～11%	≤0.12%	0.5%～0.8%Ti

　　自不锈钢诞生以来,50 年代在美国大量生产而逐步民用化;60 年代在欧洲大量应用;70 年代在日本进行大规模生产,使成本大幅度下降,使不锈钢的应用非常普遍;80 年代在亚洲新兴的工业发展国家和地区以及南非等国的参与下,在世界范围内导致更加广泛的消费热潮;90 年代不锈钢的生产、消费的全球化过程加快,使东亚和东南亚地区逐渐成为不锈钢新的生产和消费热点地区。

　　在不锈钢的发展过程中,不锈钢以其优越的不锈性、耐蚀性、耐热性、耐低温性、生物中性、化学相容性、装饰性、加工制造性等在国民经济、国防建设、高新技术及其产业、人们生活质量提高等方面应用日益广泛,而新工艺、新技术、新装备和新的检测手段和控制技术的创新以及生产专业化、规模经济效益化,使不锈钢的成本大幅度下降,从而有力地推动了不锈钢的发展和普及。和其他特殊钢一样,增加品种、提高质量、降低成本、重视环保是不锈钢发展的主要方向。

　　1996 年,我国的钢产量就已超过了 1 亿吨并跃居世界钢产量的首位。但我国不锈钢生产却非常落后,不锈钢产量仅为我国总钢产量的 0.3%～0.4%,与世界的平均水平 2.1%,日本水平 3.9%相比,差距甚远。从人均不锈钢消费量来看,1999 年全球人均不锈钢消费 3.7 kg,德国、日本、美国人均不锈钢消费量已分别达到 15.6 kg、13.2 kg、8.4 kg,而我国才人均 1.3 kg,消费潜力还很大[3]。而随着国民经济的飞速发展和人民生活水平的不断提高,国内的不锈钢消费需求与日俱增。我国不锈钢表观消费量从 1995 年的 65 万吨增长到 1999 年的 142.06 万吨[4,5],年增长率高达 21.6%。近几年我国的不锈钢消费更是迅猛增长,2002 年的表观消费量达到了 320 万吨,约为 1999 年的 2.25 倍。但是国内不锈钢自给率 1996—1999 年尚不到 30%[6],每年仍必须大量依靠进口,1999 年我国成为世界第一不锈钢进口大国[7]。一个国家不锈钢材消费量的增长与其国民经济 GDP 的增长有密切的依附关系,一般来说,不锈钢的消费量增加是 GDP 增长速度的 1.5～2 倍[8]。因此,我国不锈钢的发展有着光辉的前景。

但是,目前国际上不锈钢生产能力已大于市场容量,竞争十分激烈。我国加入 WTO 后国内不锈钢生产厂家同样面临这种残酷的竞争压力,除了质量和服务以外,不锈钢生产成本的降低将是在竞争中获胜的关键。不锈钢生产中废钢及金属铬、镍等原材料占成本的 70%[9],而我国废钢及铬镍金属资源短缺,大量进口资源将成为我国不锈钢今后发展的必然趋势。因此,我国不锈钢的发展是机遇和风险并存。

为改变我国目前不锈钢产品质量差,生产成本高,装备技术落后的现状,"十五"期间国家将建设数个大型不锈钢生产基地。全力向世界 500 强冲刺的上海宝钢集团公司,投资 280 亿元打造的我国规模最大的不锈钢生产基地将迅速崛起,一期工程投资 120 亿元的上海一钢公司年产 72 万吨的不锈钢项目已在 2004 年 4 月 18 日正式投产。目前,宝钢已建成和正在建的不锈钢项目的总产能可达 150 万吨的规模,其中冷轧不锈钢产能可突破 100 万吨,从而将构筑宝钢集团的不锈钢板、卷、带材生产精品基地,可大大缓解国内高技术含量、高附加值不锈钢品种短缺的矛盾。这对改变我国不锈钢生产领域低水平现状具有举足轻重的作用,标志着我国从"钢铁大国"向"钢铁强国"的跨越迈出了坚实的一步。

不锈钢作为高技术含量和高附加值的钢铁产品,它的生产是一个资本和技术密集型产业。它的竞争是产品质量和生产成本的竞争,说到底是技术的竞争。在不锈钢冶炼工艺中实施技术创新、降低生产成本是我国应对市场竞争的有效途径。因此在选择不锈钢生产工艺时,不仅要考虑技术的先进性,更应注重经济的合理性,高质优价的不锈钢产品才能满足和占领日益激烈的竞争市场。宝钢不锈钢精品基地中的冶炼部分采用"转炉吹炼不锈钢母液高速脱碳"+"VOD 精炼"的工艺路线来生产优质不锈钢水。提供转炉用的不锈钢母液(含铬铁水)目前有三种可能的途径:① 普通铁水+固态(或液态)高碳铬铁;② 转炉熔融还原方法直接生产不锈钢母液;③ 竖炉法熔融还原方法直接生产母液。世界上绝大多数不锈钢厂家采用第一种方法来获得含铬铁水,而用熔融还原方法工业生产不锈钢母液目前只有日本川崎公司千叶厂一家,它是采用转炉铁浴法进行冶炼的。熔融还原法的另一种形式是利用竖炉型反应器生产含铬铁水,它的优点在于:可以大大降低不锈钢母液的生产成本,根据测算[10],它的生产成本仅为第一种方法的 85% 左右;可以充分利用国内丰富的煤炭资源来代替成本相对较高的电能;由于母液的含铬量较高碳铬铁低得多,氧化铬的还原温度和能量都会有较大幅度的下降。

不锈钢作为一种重要的战略资源,其生产能力反映了一个国家的综合国力,中国要由"钢铁大国"变为"钢铁强国",必须大力培育自己的不锈钢生产竞争能力和创新能力。1999 年 7 月底,在宝钢集团建设不锈钢精品基地的项目论证会上,上海大学上海市钢铁冶金重点实验室提出了用竖炉型反应器熔融还原方法生产不锈钢母液的设想。为实现这个设想,开发出一条符合中国国情的,具有自主知识产权的不锈钢母液生产的新流程,在得到了宝钢集团领导和技术人员的大力支持,在进行大量预研工作的基础上,2000 年的 8—9 月间,上海大学和宝钢集团合作,首次成功地在宝钢集团上海一钢公司的 255 m³ 高炉上进行了工业规模冶炼不锈钢母液的试验[11],本文详细介绍了工业试验的准备及实施情况。试验结果证明了用竖炉法直接生产不锈钢母液在原理、技术和操作上是完全可行的。

由于提前结束了工业试验,在随后进行的高炉拆炉工作中,获取了大量宝贵的炉内试样,这些试样保存了含铬铁水冶炼中的还原反应信息。对这些试样的解剖分析将有助于了解在高炉不同的部位铬矿石固相还原、熔融滴下、熔渣与焦炭之间熔态还原的行为,从而搞清楚在竖炉型反应器中铬矿石的还原机理,这无疑对优化高炉生产不锈钢母液操作和提高技术经济指标有重大的理论指导意义。

20世纪60—70年代,日本新日铁和住友等公司进行了炼铁高炉的解体调查[12],这是高炉生产史上一项意义重大的研究,它揭示了高炉内部炉料运动和反应的基本规律。经过解剖研究人们认识到了高炉内炉料的分布状况和下降轨迹,对炉料的粉化、还原、软熔、熔化滴下过程有了全新的了解,也充实了人们对不同金属及其氧化物在渣金二相中的物理化学变化情况的知识。这些创造性的工作使人们真实地了解了高炉内的状况,促使了高炉冶炼技术进一步的发展。这些研究方法成为以后进行类似工作的经典和样板。

在高炉解体研究工作的示范下,南非 Middelburg 公司[13]和中国吉林铁合金厂[14]进行了生产高碳铬铁(含铬约60%)埋弧电炉的炉体解剖研究。这些研究表明在埋弧电炉中存在不同的区域,铬矿石在进入高温反应区前已有相当程度的还原。研究结果详细给出了在炉内下降过程中铬矿石矿相组织、物理性能的变化以及化学反应进行的程度,对改进埋弧电炉操作提供了重要依据。

用竖炉法(高炉)冶炼不锈钢母液是一条全新的生产流程,对冶炼过程中发生的还原反应目前只能依据现有炼铁高炉的知识来进行推测,其中存在许多知识空白点和疑问。高炉中铬矿石的还原是一个复杂的物理变化和化学反应过程,它涉及了铬矿石的预还原、软熔、成渣、滴下、熔融还原以及渣金反应等诸多领域[15-17]。本文根据工业试验的结果和参数,以获取的炉内试样为对象着重研究铬矿石在高温反应区内的熔融还原行为,并在实验室模拟高炉内不同部位所发生的物理化学变化,以期获得较完整的铬矿石还原机理和规律的知识。研究结果将会对不锈钢母液新流程的开发与优化提供理论指导和操作依据。

掌握和研究竖炉法冶炼不锈钢母液时铬矿石的熔融还原机理及其规律是本文工作的主要内容。铬矿石在高炉内部的反应机理与铁矿石完全不同。铁矿石的碳热还原主要依靠碳的间接还原,即通过一氧化碳气体进行的;而铬矿石的还原需要更高的反应温度和更强的还原势,因此它的碳热还原反应应该是在铬氧化物和固体碳之间进行的。铬矿石还原机理的探索将能为高炉冶炼不锈钢母液新技术的开发,优化工艺操作参数,提高技术经济指标提供理论依据和实践指导。

围绕铬矿石在高炉内还原和熔融滴下的行为,在实验室将开展以下两个方面内容的研究:

1. 铬矿石在熔融前的固态还原及其物理化学行为。铬矿石在到达高温反应区(焦炭床滴落带)前已经发生了一系列的物理化学变化。在高温还原性气流作用下,构成铬矿石主要成分的镁铬尖晶石($MgCr_2O_4$)或铁铬尖晶石($FeCr_2O_4$)将会分解成简单氧化物。在一氧化碳和固体碳作用下部分氧化铬会还原生成碳化物,或者在氧化铁的参与下反应生成低浓度的固体铁铬合金。研究铬矿石在到达高温区前的行为规律是探索铬矿石熔融还原机理的重要组成部分。铬矿石的种类、炉料结构等将会对其前期反应行为产生影响。

2. 铬矿石熔融滴下行为以及在焦炭床内的反应机理。当铬矿石、未完全还原的铁矿石和溶剂的混合物下降到焦炭床的上表面,这里的温度已经达到可使这些混合物熔融并沿焦炭床的缝隙开始滴下的程度,铬氧化物与焦炭之间的熔融还原反应就开始发生了。实验研究将探明铬矿石与其他物料的成渣及熔合机理,不同氧化物对铬矿石熔解于炉渣的影响,熔融炉渣与固体碳接触后的还原反应规律等一系列感兴趣的问题。

本论文将解决的关键问题是模拟铬矿石在高炉不同部位所发生

的物理化学变化行为,以及这些部位对应的某种热力学条件和炉料运动及受载情况的环境。经过实验和检测将这类条件和环境从现象中提炼出来,并联系对应的铬矿石的变化,进而探讨铬矿固态及其熔融还原的机理。

参考文献

［1］《钢铁材料手册》总编辑委员会. 钢铁材料手册(第五卷),不锈钢. 北京:中国标准出版社,2001.

［2］ 陆世英,张廷凯等. 不锈钢. 北京:原子能出版社,1995.

［3］ 姜步民. 迈向"钢铁强国"的坚实一步. 上海金属,Vol. 24,No. 3,2002,18－21.

［4］ 耿炳玺. 中国不锈钢的现状和发展. 特殊钢,Vol. 20,No. 1,1999,34－37.

［5］ 王克谦,张全胜. 国内不锈钢市场需求分析. 不锈,No. 4,2000,32－34.

［6］ 陆世英. 我国不锈钢的发展现状. 钢铁,Vol. 36(suppl.),2001,127－132.

［7］ 李成. 中国已成为不锈钢百万吨以上消费大国. 不锈,No. 3,2000,5－13.

［8］ 赵先存,程世长,赵朴. 中国不锈钢品种和质量的进步. 钢铁,Vol. 36(suppl.),2001,133－214.

［9］ M. Gornerup and A. K. Lahiri, Reduction of Electric Arc Furnace Slags in Stainless Steelmaking (Part 1 Observation). Ironmaking and Steemaking, Vol. 25, No. 4, 1998, 317－322.

［10］ 李一为,丁伟中,郑少波,等. 不锈钢母液制备工艺,特殊钢,Vol. 23, No. 1, 2002, 23－26.

［11］ 丁伟中,李一为,郑少波,等. 255 m³ 高炉冶炼不锈钢母液工业

试验. 钢铁，Vol. 39，No. 4，2004，1-4,53.

[12] 原健二郎. 高炉解体研究. 刘晓侦，译. 北京：冶金工业出版
      社，1980.

[13] D. Slatter and M. Ford, Reaction and Phase Relationships in
      a DC Arc Plasma Furnace Producing Ferrochromium,
      INFACON 89，1989，103-111.

[14] 郭文正. 碳素铬铁炉体解剖，铁合金，No. 3，1991，1-9.

[15] 片山博，左藤雅幸，德田昌则. 熔融スラグ中におけるクロム
      矿石の溶解および还原举动，铁と钢，Vol. 75，No. 10，1989，
      1883-1890.

[16] Y. Hara, N. Ishiwata, H. Itaya, et al. Smelting Reduction
      Process with a Coke Packed Bed for Steelmaking Dust
      Recycling. ISIJ International，Vol. 40，No. 3，2000，
      231-237.

[17] J. C. Lee, D. J. Min and S. S. Kim. Reaction Mechanism on
      the Smelting Reduction of Iron Ore by Solid Carbon.
      Metallurgical and Materials Transactions B，Vol. 28B，1997，
      1019-1028.

第二章 不锈钢母液 制备新技术

作为高技术含量和高附加值的产品,不锈钢的生产是一个资本和技术密集型产业。市场竞争的本质是产品成本的竞争,因此在选择不锈钢生产工艺时,不仅要考虑技术的先进性,更应注重经济的合理性,高质优价的不锈钢产品才能满足和占领日益激烈的竞争市场。本章从不锈钢母液制备工艺角度出发,介绍了制备技术的新进展及不同工艺的技术特点,并比较了它们的生产成本和经济效益。

2.1 不锈钢母液制备工艺

不锈钢的生产已从电炉单一熔炼、精炼和合金化发展到电炉或氧气转炉熔炼—AOD 或 VOD 炉外精炼的"二步法"(双联工艺)。目前世界上绝大部分不锈钢生产厂都采用该法,而其中用 AOD 炉精炼的不锈钢占 60% 以上[1]。因"二步法"冶炼不锈钢仍存在一些不足之处,例如:精炼时间长,物料消耗高。为适应产量的大幅度增长,品种的不断扩大,质量的迅速提高,80 年代开发出了"三步法"不锈钢生产新工艺,即初炼炉(电炉或转炉)熔化炉料—复吹转炉(AOD 或其他形式的复吹转炉)脱碳—真空吹氧精炼炉深脱碳和脱气。初炼炉只起熔化作用,负责向第二步转炉提供母液,真空精炼炉主要为 VOD,也有 RH - OB、RH - KTB。目前三步法在不锈钢生产中所占比例已接近 20%[2]。从发展来看,"三步法"将逐渐成为冶炼不锈钢的主导工艺。

从铬的角度来看,不锈钢母液的来源主要有以下四种:(1)不锈钢废钢,(2)固体高碳铬铁,(3)液态高碳铬铁,(4)液态不锈钢母液。

而从母液制备的设备来看,电炉占统治地位,世界十大不锈钢生产厂家(年产量＞30 万吨以上)无不配备有电炉。铁浴法熔融还原采用转炉制备液态不锈钢母液,目前实现工业化规模生产的只有日本川崎钢铁公司千叶厂[3]。竖炉型熔融还原制备不锈钢母液还只进行了工业试验或试生产,完整的不锈钢生产流程尚未实现。

2.1.1 电弧炉法

在电弧炉法中进行母液的制备仍是目前不锈钢生产的主流。20 世纪 40 年代以前,不锈钢的生产采用配料熔化法[4],只能用低碳原料,如工业纯铁、低碳废钢、纯镍及低碳铬铁等。自 1939 年美国人发明向熔池吹氧利用废钢炼不锈钢开始,解决了过去不能使用不锈钢返回料的问题。工业发达国家因其丰富的废钢资源,使废钢成为其不锈钢母液制备中最主要的原料。60 年代后期发展起来的高碳真空吹炼法,使不锈钢生产的原材料可不受任何限制,任何高碳原料均可采用,冶炼成本得以降低。因此,工业发达国家不锈钢冶炼主要采用电弧炉返回吹氧法,利用高温进行脱碳保铬,现在脱碳主要用低压炉外精炼法。

在发展中国家,因废钢资源的短缺,不锈钢母液大多采用固体高碳铬铁(含铬 55％～60％)＋普通铁水(或再加部分废钢)的混兑法熔炼(电炉或转炉)。这种制备方法需用电能重新熔化固体高碳铬铁,使得生产成本增加。若采用混兑法工艺的钢厂毗邻铁合金厂,则可以用铁合金厂生产的液态高碳铬铁与普通铁水混兑进行母液的制备,从而节约了部分电能消耗。但是,由于高碳铬铁是在埋弧电炉中生产的,它存在电耗高、生产率低及对铬矿要求高等问题,而且铬矿还原的动力学条件差,其铬的回收率仅为 78％～93.7％[5]。因此,就整个系统来说,电弧炉混兑法工艺不仅电耗高,而且金属铬的回收率较低,造成其生产成本偏高。

2.1.2 转炉型熔融还原法(川崎法)

80 年代以后随着转炉顶底复合吹炼技术的开发,以高炉炼铁为基础的钢铁联合企业也开始了不锈钢生产的尝试。日本川崎制铁是最早开发应用转炉熔融还原制备母液,并成功实现不锈钢生产工业化的厂家,而且川崎制铁不断地进行工艺技术的探求以及设备的更新改造,使转炉熔融还原冶炼工艺日益完善,形成了独具特色的不锈钢生产线。故在此文中将转炉熔融还原工艺统称为川崎法。

川崎制铁采用转炉熔融还原工艺生产不锈钢是基于以下设计理念:(1)提高主原料选择的灵活性,直接在转炉中使用铬矿石或铬矿粉,大量使用废钢;(2)节约昂贵的电能(日本电能比其他国家贵得多);(3)提高生产率,降低生产成本;(4)不断地提高产品质量;(5)保护环境。

K-BOP 法是川崎制铁最早开发应用的一种转炉熔融还原制备不锈钢母液工艺[6]。图 2-1 是 K-BOP 法生产不锈钢的工艺流程[7-8]。

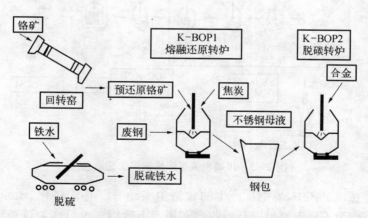

图 2-1 川崎 K-BOP 法不锈钢生产工艺流程

K-BOP 是在 LD 复吹转炉上通过底部风口吹入不同比例的 $O_2-Ar(N_2)$ 混合气体,底部供氧量最大为顶部供氧量的 30%,并可喷入石灰粉。K-BOP 法克服了 AOD 炉的风嘴损伤以及在高 C 范围内脱碳时不能增加氧流量的缺点,而铬并不会大量氧化,不仅取得了与 AOD 炉相同的冶金效果,而且提高了铬的回收率。

K - BOP 法的主要工艺特点是:(1) 使用脱 P 铁水;(2) 采用经回转窑预还原到含铬量 60% 的铬矿球团;(3) 焦炭既是铬矿熔化的热源又作为铬矿的还原剂;(4) 可以添加大量不锈钢废钢;(5) 二次燃烧率增加。

考虑到都市型钢厂对环境要求无产业废弃物污染的问题,川崎制铁又研究开发并于 1994 年 7 月投产了第四炼钢厂[3,9],图 2 - 2 示出了该厂的工艺流程。该工艺主要包括:(1) 处理炼钢产生的含铬炉尘的 STAR 熔融还原冶炼炉;(2) 铬矿砂转炉熔融还原工艺(SR - KCB);(3) 复吹转炉脱碳工艺(DC - KCB);(4) VOD 终脱碳工艺;(5) 连铸。

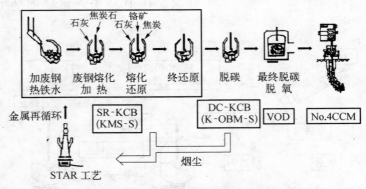

图 2 - 2　川崎制铁第四炼钢厂工艺流程

在该工艺中,炼钢厂产生的含铬尘埃经 STAR 炉熔化、还原,又可以作为不锈钢原料进行回收再利用。不锈钢渣也可作为筑路材料或作为 STAR 炉等的副原料而回收利用,使该工艺真正做到对环境友好。不锈钢母液的制备是在 SR - KCB 转炉中完成的,采用顶底复吹转炉,实现铁浴型熔融还原,铬矿砂中的 Cr_2O_3 是溶解在炉渣中再被焦炭直接还原,这也是新工艺的核心部分,该工艺是目前世界上较先进的不锈钢生产工艺之一。

SR－KCB法制备母液的原料主要有预处理后的铁水、STAR炉还原转炉尘得到的含铬生铁、不锈钢废钢以及直接喷吹的铬矿砂。SR－KCB法的优点在于：(1)将不锈钢生产过程中产生的废弃物降至最低点；(2)可以喷吹铬矿粉，进一步提高了原料选择的灵活性；(3)铬矿的还原条件更优越。表2－1为K－BOP与SR－KCB的主要性能的比较。

表2－1　K－BOP与SR－KCB的主要性能的比较

项　　目	K－BOP	SR－KCB
炉内容积/m³	173	372
炉子装入量/t	85	185
最大吹氧量/(m³/min)	300	950
底吹气体流量	0.6～0.8	0.5～1.2
铬源	预还原铬矿球团、废钢	铬矿砂、废钢、回收的铬铁
铬矿加入转炉的收得率/%	＞95(预还原铬矿球团)	＞97(铬矿砂)
转炉熔融还原总铬的收得率/%	94	91
铬矿粒度	10～15 mm(＞85%)	38～500 μm

我国1992—1993年在上钢五厂15 t复吹转炉中成功地进行了铁浴熔融还原制备不锈钢母液的工业试验[10,11]，试验以含碳铬矿团块和氧化镍矿冷料入炉，炼成Cr13、Cr18Ni8两种不锈钢母液。试验中Cr的熔融还原速率达0.16～0.25[%Cr]/min，但是铬的收得率仅85%，且[%P]超标。遗憾的是因各种原因，我国未能实现转炉熔融还原直接冶炼不锈钢的工业化生产。

2.1.3　竖炉型熔融还原法(竖炉法)

采用竖炉型反应器进行铬铁或不锈钢母液的冶炼并不是一项新

的工艺过程。人们早在 1880 年就开始用高炉进行冶炼含铬生铁的实践,但由于当时条件所限,特别是炉缸温度不足,而含铬生铁和炉渣的流动性差,正常的生产困难很大。

二战期间,由于战争的需要,同时由于电力系统的破坏导致电力缺乏,德国和前苏联都曾用高炉进行过含铬铁水的实验和生产,冶炼出了含铬量超过 40％的铁水[12-14]。

1962 年 11 月美国 Crucible 钢公司采用炉缸直径为 3 658 mm 高炉进行了含铬生铁的首次工业试生产,共生产平均含铬量为 15.11％的铬铁 890 t。1963 年又进行了第二次高炉生产铬铁的试验,并分别在 3 t 和 10 t 顶吹氧气转炉上顺利进行了含铬铁水的直接吹炼[15]。

70 年代末在前苏联的乌克兰用 620 m³ 高炉成功地冶炼出含Cr17～20％,Si＜2％,C5.2％的中铬铁水,并在基辅附近的图拉厂进行了 10 t 转炉(顶底复吹)用母液直接吹炼不锈钢的试验。在这些试验的基础上,前苏联开始进行了新流程的工程设计,完成了全套设备图纸,建造了与 620 m³ 高炉相配套的 60 t 的顶底复吹转炉。但遗憾的是,随着 90 年代苏联的解体,由于政治动荡以及铬矿来源等因素的影响,使一项有可能成为世界不锈钢生产新流程样板的工程胎死腹中。

1987 年,瑞典在高炉风口区加等离子喷枪将部分铬矿直接喷入炉缸,冶炼出含铬 52％～53％的高碳铬铁合金,平均铬收得率达91.6％。该工艺的突出优点是可以直接利用铬精矿或粉矿[16-17]。

80 年代末,任大宁、万天骥等人[18]曾用竖炉进行过含碳铬矿球团冶炼铬铁合金的实验室实验。实验用竖炉容积 0.15 m³,风温550～640℃,富氧 12％～25％,成功冶炼出含铬 18％的铬铁合金,炉渣流动性良好。实验焦比 4 000～5 000 kg/t,铬的回收率大于 96％。2000 年 8 月 28 日至 9 月 5 日,由上海大学上海市钢铁冶金重点实验室与宝钢集团上海一钢公司合作在 255 m³ 高炉首次顺利进行了不锈钢母液直接冶炼的工业试验[19],共生产出含 Cr 量 5％～21.3％不锈钢母液近千吨,其中 35 吨经炼钢后连铸轧成不锈钢钢板。高炉冶炼过程中炉况稳定顺行,渣及不锈钢母液流动性好,试验表明高炉直接冶炼不锈钢母液新工艺是可行的。工业试验的成功进行为我国大型不锈钢生产基地的建设提供了宝贵的实践经验。表2-2列出了高炉冶炼含铬生铁的历程和主要指标。

表2-2 高炉冶炼含铬生铁的历程和主要指标

年 代	国 家	炉容/m³	含铬量/%	铬回收率/%
1941—1942	前苏联	213	22~42	
1940—1945	德 国	1 650 mm(炉缸直径)	5~46	
1962、1963	美 国	3 658 mm(炉缸直径)	15	
70年代末	乌克兰	620	17~20	97~98
1987	瑞 典	高炉+等离子	52~53	91.6
2000	中 国	255	5~21.3	>98

上述所进行的试验或生产表明:竖炉法(高炉)熔融还原直接制备不锈钢母液技术上是完全可行的,而且此法还具有以下突出的优点:(1)高炉是个高效反应器,适合大规模生产的需要,故生产率高,生产成本可大大降低;(2)高炉生产时炉内的 Pco 分压低于埋弧电炉,炉渣中 Cr_2O_3 的含量更低,铬的综合回收率提高;(3)铬矿原料的使用更灵活,既可以使用块矿,又可以将粉矿烧结或制成球团加以利用;(4)高炉直接生产的母液含铬量为 13%~18% 左右,相比于高碳铬铁的生产铬要低得多,铬矿的还原更容易,能耗更低;(5)以焦代电,对于电力紧张和电价昂贵地区来说,可以节约电能。

2.2 铬的回收率及生产成本、经济效益的比较

2.2.1 铬的回收率

铬是不锈钢中最重要的合金元素,也是重要的战略资源,冶炼过

程的铬回收率是反映过程特征的一个重要指标。因此,不锈钢母液的冶炼过程中应尽可能地提高铬金属的回收率。表 2-3 比较了不同工艺冶炼含铬合金时的铬金属回收率,数据表明采用竖炉生产不锈钢母液时的回收率最高。

表 2-3　不同冶炼含铬合金过程的铬金属回收率比较

冶炼过程	竖炉法直接生产不锈钢母液[19]	矿热电炉冶炼高碳铬铁[5]	转炉熔融还原生产不锈钢母液[10,11]（加硅铁还原前）	日本川崎千叶厂SR-KCB法[3,9]（铁水含铬 9%～12%）
铬的回收率/%	98	78～93.7	85	91

竖炉冶炼不锈钢母液的铬回收率是几种工艺中最高的。这是因为在碳热还原反应过程中,炉渣中 Cr_2O_3 的含量受一氧化碳分压的影响很大。还原反应式为:

$$Cr_2O_3 + 3C = 2[Cr] + 3CO(g)$$

可见反应区 P_{CO} 越小,炉渣中 Cr_2O_3 含量就越低,也就是过程的铬回收率越高。高炉冶炼时由于气相中 N_2 的存在,一氧化碳分压很低(炉顶煤气成分中 CO 浓度为 20%～30%左右),从而使渣中平衡的 Cr_2O_3 含量降低。

2.2.2　生产成本及经济效益

提高产品质量,不断降低生产成本,创造更高的经济效益是不锈钢生产永远追求的目标。根据工业试验的物料平衡和热平衡,按冶炼成含铬 18%的不锈钢母液,以每吨母液的物料消耗计算生产成本,并分别计算竖炉法及川崎熔融还原法与电炉混兑法制备不锈钢母液的差价。表 2-4 为不同工艺冶炼 18%Cr 不锈钢母液生产成本和差价的比较[20]。电炉混兑法成本是用上海申佳高碳铬铁水和普通铁水计算的,川崎法成本是按上海五钢公司转炉熔融还原试验结果来计算的。高炉直接冶炼母液的成本是根据工业试验的结果,采取工艺优化及设备更新等技术措施后预计的,其成本还考虑了脱磷费用(50元/吨)。高碳铬铁的价格为 4 200 元/基准吨,高炉工业试验的原材料以 2000 年 9 月时的市场价格计算。

表 2-4　冶炼 18%Cr 不锈钢母液生产成本和差价[20]

母液生产方法	竖炉法	川崎法	铬铁＋铁水
母液成本/(元/吨)	1 925.71	2 120	2 206.50
差价/(元/吨)	280.79	86.5	/

从表 2-4 中比较的结果可以明显看出竖炉法熔融还原直接生产母液的成本最低。竖炉法与铬铁＋铁水的普通生产工艺相比,每吨可获得 280.79 元的经济效益。若电炉混兑法的铬源为固态高碳铬铁,重新熔化高碳铬铁需额外增加一部分电耗,则生产成本更高,与之相比,竖炉法的经济效益将更可观。

2.3　小结

为了满足经济建设和人民生活对不锈钢产品日益增长的需求,"十五"期间我国将依托宝钢建设数个大型不锈钢精品基地。在十分激烈的不锈钢竞争市场中,发展我国的不锈钢生产必须体现经济上成本低和技术上先进两大要素。

我国的不锈钢社会保有量水平十分低下,据市场调查,我国经济最发达的东南沿海地区每年可收购的不锈钢废钢量只有两万吨,而且这些资源主要掌握在民营企业手中。这就意味着国有大中型企业要大规模地生产不锈钢,很难走西方发达国家以不锈钢废钢为原料的传统冶炼技术路线。日本川崎熔融还原工艺的投资和规模又很难为我国企业所接受,其关键技术也不愿意出售。通过对不锈钢母液不同制备工艺技术、生产成本及经济效益的比较,根据国情,我国大

中型不锈钢生产基地完全可以采用竖炉法熔融还原的含铬铁水
（或＋部分普通铁水）直接制备不锈钢母液，然后经转炉高速脱碳→
VOD 或 AOD 精炼→连铸→连轧成材的新工艺流程。目前，我国还
存在着不少中小高炉，这些现有存量资产可为不锈钢母液冶炼流程
的配套提供方便，这不仅能大大节省建厂投资，而且技术路线先进、
独特，可以形成自主知识产权的不锈钢生产新流程。这样才能在激
烈的不锈钢市场竞争中取得先机，使我国真正实现由"钢铁大国"向
"钢铁强国"的转变。

参考文献

[1] 张少棠. 不锈钢, 钢铁材料手册（第 5 卷）. 北京：中国标准出版
社, 2001：3.

[2] 林企曾, 张继猛. 世界不锈钢生产技术的新进展. 不锈, 1999
(4)：13 – 18.

[3] N. Kikuchi, Y. Kishimoto, Y. Nabeshima, et al.
Development of High Efficient Stainless Steelmaking Process
by the Use of Chromium Ore Smelting Reduction Method.
The Eight Japan-China Symposium on Science and
Technology of Iron and Steel, Japan (Chiba), Nov., 1998：
96 –103.

[4] 魏寿昆. 冶金过程热力学. 上海：上海科学技术出版社, 1980：
74 – 75.

[5] 杨世明. 对我国铁合金工业发展的几点看法. 铁合金, 1999
(2)：42 – 47.

[6] 陆世英. 不锈钢. 北京：原子能出版社, 1995：415.

[7] Chikashi Tada, Keizo Taoka, Sumio Yamada, et al.
Development of Stainless Steelmaking Process with Smelting
Deduction of Chromium Ore Using Two Combined Blowing

Converters. 1991 Steelmaking Conference Proceedings，785 - 791.

[8] Hajime Suzuki，Chikashi Tada，Haruhiko Ishizuka，et al. Production of Stainless Steel by Combined Decarburization Process. 1992 Steelmaking Conference Proceedings，199 - 204.

[9] 朱敏之. 日本川崎钢铁公司的不锈钢技术特点. 特殊钢，2001，22(1)：1 - 5.

[10] 侯树庭，徐明华，张怀珺，等. 15 吨铁浴熔融还原工业性试验. 钢铁，1995，30(8)：16 - 21.

[11] 徐匡迪，蒋国昌，张晓兵，等. 不锈钢母液铁浴熔融还原过程中的铬回收率及母液的氧化脱磷. 金属学报，1998，34(5)：467 - 472.

[12] Von Hans Marenbach. Die Erzeugung von Ferrochrom im hochofen (Production of Ferrochromium in a Blast Furnace). Stahl und Eisen，65. Jahrg. ，1945，516(1)：57 - 64.

[13] М. Х. Дукащенко ц Б. Б. Йващев. Получение Доменного Феррохрома. Сталъ，1944，9/10：4 - 8.

[14] Г. В. Гацэуков ц М. Х. Дукащенко. Доменный Феррохромиз Щлаков Шахтных Печей. Выплавляюющих Малоуглеродистый Феррохром Бесфлюсовым Метолом. Сталъ，1945，9 - 10：3 -7.

[15] F. C. Langenberg，C. W. McCoy and E. L . Kern. Manufacture of Stainless Steel in the Top-Blown Oxygen Converter. Blast Furnace and Steel Plant，1967，(8)：695 - 701.

[16] Johnny Skogberg，Sven O. Santen and Hans G. Herlitz. SKF Steel's Plasma Smelting Process for Ferro-Alloy Production. 69th Steelmaking Conference Proceedings，1985：13 - 18.

[17] Alf B. Wikander，Hans G. Herlitz and Sven O. Santen. The

First Year of Operation at Swedechrome. 1987 Electric Furnace Proceedings，225－231.

[18] 任大宁，万天骥，袁章福，等. 竖炉用含碳铬矿球团冶炼铬铁合金. 铁合金，1990(4)：22－28.

[19] 李一为，丁伟中，郑少波，等. 255 m³ 高炉冶炼不锈钢母液工业实验. 钢铁，2004，39：1－4，53.

[20] 李一为，丁伟中，游锦洲，等. 不锈钢母液制备新工艺. 特殊钢，2002，23(1)：23－26.

第三章 铬化合物的性质 及铬铁矿的特性

3.1 铬的物理化学性质

铬是 Mendeleyev 元素周期表中第六主族的元素,1797 年同时由 Vauquelin 和 Klaproth 发现,铬在地壳中平均含量为 0.035%[1]。铬的原子量 52.01,比重 7.19 克/厘米^3,熔点 1 855℃,沸点 2 469℃。铬是银白色带有光泽的金属,硬度大,高纯的铬有很好的延展性,含有杂质的铬硬而脆。铬和铁能以任何比例完全互溶,铬铁熔点较高,含铬超过 40%、含碳大于 5% 时铬铁,熔点高于 1 500℃。但含铬 15% 左右、含碳在 4%~5% 的中铬铁水的液相线温度约为 1 200℃。

3.2 铬化合物的物理化学性质

3.2.1 铬的碳化物

铬和碳能形成稳定的碳化物,分别是 $Cr_{23}C_6$、Cr_7C_2、Cr_3C_2,铬-碳相图如图 3-1 所示,铬-碳状态图中特殊点的反应类型如表 3-1 所示。

表 3-1 铬-碳状态图中特殊点的反应类型[2]

反 应	各相组成/at %(C)		温度/℃	反应类型
L—Cr	0		1 863	熔化
L+C—Cr$_3$C$_2$	100	40	1 811±10	包晶
L—Cr$_7$C$_3$	30		1 766±10	匀晶

续　表

反　　　应	各相组成/at ％(C)		温度/℃	反应类型
L—Cr_7C_3+Cr_3C_2	30	～40	1 727±7	共晶
L+Cr_7C_3—$Cr_{23}C_6$	28.5	21	1 576±10	包晶
L—(Cr)+$Cr_{23}C_6$	～0.3	20	1 534±10	共晶

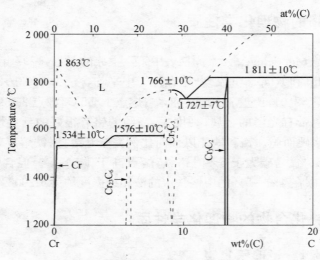

图 3-1　铬-碳相图[2]

当温度为 1 500℃时,铬中碳的溶解度达最大值 0.32％,铬与碳
生成的三种化合物性质见表 3-2。

表 3-2　铬的碳化物性质[3]

铬的碳化物	碳含量/％	$-\Delta H_{298}^{0}$/(kJ/mol)	密度/(g/cm³)	熔点/℃
$Cr_{23}C_6$	5.7	411.6	7.0	1 550
Cr_7C_2	9.01	177.9	6.9	1 780
Cr_3C_2	13.34	97.9	6.7	1 890

当有铁存在时,在 Cr-Fe-C 系中,有复合碳化物$(Cr, Fe)_{23}C_6$、$(Cr, Fe)_3C_2$、$(Cr, Fe)_7C_3$ 存在,碳素铬铁中铬、铁主要以$(Cr, Fe)_7C_3$ 状态存在,而精炼铬铁中铬、铁主要是以$(Cr, Fe)_{23}C_6$ 状态存在。

3.2.2 铬的硅化物

铬和硅能生成四种硅化物,分别为 Cr_3Si、Cr_5Si_3、$CrSi$、$CrSi_2$,其中 $CrSi$ 最稳定。铬的硅化物性质如表 3-3 所示。

表 3-3 铬的硅化物性质[3]

铬的硅化物	硅含量/%	$-\Delta H^0_{298}$/(kJ/mol)	密度/(g/cm³)	熔点/℃
Cr_3Si	15.25	141.1	6.52	1 707
Cr_5Si_3	24.45	324.9	5.73	1 597
$CrSi$	35.05	77.0	5.43	1 545
$CrSi_2$	51.90	119.7	5.00	1 550

铬的硅化物较其碳化物更稳定,因此铬铁中硅量愈高,含碳量就愈低。

3.2.3 铬的氧化物

铬和氧可以组成一系列化合物:CrO、Cr_2O_3、CrO_3,CrO 是碱性氧化物,常温下不稳定,在空气中很快与氧化合成 Cr_2O_3。CrO_3 是酸性氧化物,橙红色晶体,熔点为 196℃,热稳定性差,超过熔点开始气化,而且在 240℃ 时发生如下反应,CrO_3 将全部分解成 Cr_2O_3。

$$4CrO_3 = 2Cr_2O_3 + 3O_2$$

Cr_2O_3 是两性氧化物,绿色晶体不溶于水,六方晶系,熔点为 2 275℃。在铬氧化物中,Cr_2O_3 最稳定,几乎自然界全部的铬都呈 Gr_2O_3 存在。

在含铬的 MgO - Al_2O_3 - SiO_2 - CaO 四元渣系中，热力学研究认为[4]：当其在氧化性气氛时，Cr^{3+} 的氧化物是最稳定的。而当氧位降低，且有固体碳共存时，Cr^{2+} 就变得更稳定。Rankin 等[5]在研究 SiO_2 - CaO - Al_2O_3 - FeO - $CrOx$ 炉渣与 Fe - Cr - Si 合金熔体平衡时铬氧化物的行为时也证实：还原性渣中铬主要以 Cr^{2+} 或 CrO 存在，而在铬饱和的氧化性渣中以不纯的铬矿形式存在。Robison 等人[6]在与 Fe - Si - Cr 合金共存的炉渣中也发现在(FeO)<0.5%的条件下，几乎所有的铬均为 2 价，且这时的 O_2 分压近似为 10^{-14} atm。但 Xiao 等人[7]则认为在 CaO - SiO_2 - $CrOx$ 炉渣中 Cr^{2+}、Cr^{3+} 共存，且 Cr^{2+}/Cr^{3+} 共比例随温度的升高、低碱度和低氧位而增加。

3.2.4 其他化合物

铬和硫能组成 CrS、Cr_2S_3、Cr_3S_4 等硫化物。铬能与磷组成稳定的 Cr_3P、Cr_2P、CrP_2 等磷化物。铬和氮可以组成稳定的氮化物 Cr_2N、CrN，随温度的增加，氮的热力学稳定性下降，氮在液态铬中的溶解度随着温度升高而增加，当温度为 1 898℃时，为 4.2%，当温度为 1 600℃时，为 6.5%(过冷熔体)。氮溶于铬中后，使熔点下降，当温度为 797～997℃时为氮所饱和的固态铬，含氮量为 21%。

3.3 铬铁矿的种类及其特性

自然界中没有游离状态存在的铬，铬三价的氧化物是最稳定的，且它基本上是以铬铁矿的形式存在，主要的含铬矿物成分是铬铁矿 $(Mg, Fe)O \cdot Cr_2O_3$，铝铬铁矿 $(Mg, Fe)O \cdot (Cr, Al)_2O_3$ 和富铬尖晶石矿 $FeO \cdot (Cr, Al)_2O_3$。

按照铬铁矿的外观和物理性能分类，铁合金生产使用的铬矿有块矿、易碎矿和粉矿。粉矿包括精矿和块矿的筛下物。块矿用于埋弧电炉生产高碳铬铁和一步法硅铬合金。铬铁比高、Cr_2O_3 含量高的易碎矿和精矿主要用于生产低碳铬铁。铬铁矿按用途可分为三种级别。冶金级含 $Cr_2O_3 > 46\%$，Cr/Fe 比值大于 2；化工级含 Cr_2O_3 $40\% \sim 46\%$，Cr/Fe 比值为 $1.5 \sim 2$，SiO_2 含量 $\leqslant 3.5\%$；耐火材料级 $Al_2O_3 + Cr_2O_3 \geqslant 60\%$、$Cr_2O_3$ 为 $30\% \sim 40\%$，Cr/Fe 比值为 $2 \sim 2.5$[1]。

自然界铬总是与铁共生形成铬铁尖晶石（$FeO \cdot Cr_2O_3$），其矿物学名称是铬铁矿（chromite）。铬矿多存在于超基性岩石中，与橄榄石共生。铬矿中的脉石主要有：镁橄榄石（$2MgO \cdot SiO_2$）、蛇纹石、绿泥石、滑石、白云石等。铬铁矿属等轴晶系，结晶多呈灰黑色或紫黑色。按单晶的几何尺寸分类可分为巨粒晶粒结构（$>10 \text{ mm}$）、粗粒晶粒结构（$5 \sim 10 \text{ mm}$）、细粒晶粒（0.11 mm）、显微晶粒结构（$0.005 \sim 0.1 \text{ mm}$）和显微隐晶结构（$<0.005 \text{ mm}$）等几种。自然界多见致密块状、团状、网状、粒状、带状结构和均匀浸染结构。含铬高的铬尖晶石矿物，粒度不规则或呈致密状集合体，黑褐色有金属光泽，面上有绿色或黄色条纹，比重 $4.3 \sim 4.8$，硬度 $5.5 \sim 7.5$。

3.3.1　铬铁矿的矿物结构

铬矿的种类比较多，已发现三十几种。铬矿是铬尖晶石的统称，铬铁矿的成分变化比较复杂，铬、铁、铝可以相互类质同象置换，铁常被镁所置换。因此，铬尖晶石类矿物多是由铬、铝、铁的三价氧化物和镁、铁的二价氧化物等组分组成的化合物，其矿物结构式为$(Cr, Al, Fe)_{16}(Mg, Fe)_8 O_{32}$，一般化学式为$(Mg, Fe) \cdot (Cr, Fe, Al)_2 O_4$ 或 AB_2O_4。它实际上是由下述五种高熔点尖晶石固溶而成的（表 3-4）。各种氧化物含量范围为：Cr_2O_3 $18\% \sim 62\%$；Al_2O_3 $0 \sim 33\%$；Fe_2O_3 $2\% \sim 30\%$；MgO $6\% \sim 16\%$；FeO $0 \sim 18\%$。

表 3-4　铬矿尖晶石的种类及其熔点[8]

尖晶石	$FeO \cdot Fe_2O_3$	$FeO \cdot Al_2O_3$	$FeO \cdot Cr_2O_3$	$MgO \cdot Cr_2O_3$	$MgO \cdot Al_2O_3$
熔点/℃	1 590	1 750	1 850	2 000	2 130

由尖晶石的化学成分分析数据计算晶胞中的各种组分的数量关系和结构式，有助于认识铬矿的特性。每个尖晶石的晶胞由八个 AB_2O_4 单元组成，32 个氧原子密排立方提供 64 个四面体和 32 个八面体位置。四面体位置中有 8 个二价阳离子，八面体位置中有 16 个三价阳离子。四价阳离子 Ti^{4+} 可以代替八面体中三价阳离子成为钛尖晶石，即 Fe_2TiO_4。这时，八面体中的另一个三价阳离子位置由二价铁离子占据。在每个晶胞中相应于 32 个氧离子的各种元素的阳离子数可按以下方法计算[9]：

（1）Cr、Al、Fe、Mg、Ti 的质量分数计算每种阳离子的摩尔分数 χ_i：

$$\chi_i = \frac{W_i}{M_i}$$

式中　W_i——元素的质量分数；

M_i——相对原子质量。

（2）计算每种阳离子分数和结构式中的 Mg、Cr、Al、Ti 阳离子数 N_i：

$$N_i = 24\frac{C_i}{\sum \chi_i}$$

（3）计算结构式中四面体中的二价铁离子数：

$$N_{Fe^{2+}(4)} = 8 - N_{Mg^{2+}}$$

（4）由于八面体中四价 Ti 离子数 N_{Ti} 与八面体中二价铁离子数相等，由此可以计算结构式中是三价铁离子数：

$$N_{Fe^{2+}(8)} = N_{Ti^{4+}}$$

$$N_{Fe^{3+}} = N_{Fe} - N_{Fe^{2+}(4)} - N_{Fe^{2+}(8)} - N_{Ti^{4+}}$$

由各种铬矿石分离出尖晶石矿物并对其结构进行研究得到的尖晶石矿物成分和结构式见表 3-5[9-10]。根据 Mg^{2+}、Fe^{2+}、Fe^{3+}、Cr^{3+}、Al^{3+} 离子在尖晶石中的分配数量的不同，铬铁矿可以分作镁铝矿（$12 < Cr^{3+} + 1/2Fe^{3+} < 16$、铝铬铁矿（$8 < Cr^{3+} + 1/2Fe^{3+} < 12$）、富铬尖晶石（$4 < Cr^{3+} + 1/2Fe^{3+} < 8$）等。

表 3-5　铬尖晶石的成分和结构[9-10]

产　地	成分/%						结 构 式	晶粒度/mm
	Cr_2O_3	SiO_2	CaO	MgO	Al_2O_3	FeO		
印　度	60.29	0.48	0.04	10.89	9.49	17.70	$(Cr_{12.9}\ Al_{3.0}\ Fe_{0.1})_{16}$ $(Mg_{4.1}Fe_{3.8})_8O_{32}$	0.02~2.5
菲律宾	55.24	0.69	0.18	11.16	11.18	19.24	$(Cr_{11.9}\ Al_{3.6}\ Fe_{0.5})_{16}$ $(Mg_{4.1}Fe_{3.8})_8O_{32}$	<0.1
阿尔巴尼亚	56.68	1.29	0.47	14.89	9.38	15.03	$(Cr_{12.2}\ Al_{3.0}\ Fe_{0.8})_{16}$ $(Mg_{5.4}Fe_{2.6})_8O_{32}$	3~5
伊　朗	58.64	0.82	0.54	14.31	8.76	13.48	$(Cr_{12.7}\ Al_{2.8}\ Fe_{0.5})_{16}$ $(Mg_{5.5}Fe_{2.5})_8O_{32}$	约1
中国西藏	52.79	0.83	0.73	15.41	14.98	13.15	$(Cr_{10.8}\ Al_{4.6}\ Fe_{0.6})_{16}$ $(Mg_{5.8}Fe_{2.2})_8O_{32}$	约1
南　非	47.50	0.37	0.05	9.70	14.90	18.78	$(Cr_{9.64}\ Al_{4.66}\ Fe^{3+}_{1.55}\ +$ $Fe^{2+}_{0.08}\ Ti_{0.98})_{16}(Mg_{3.88}$ $Fe_{4.12})_8O_{32}$	0.1~0.5

3.3.2　铬铁矿的主要产地及其还原特性

世界铬矿主要产地有：南非、印度、哈萨克斯坦、土耳其、津巴布韦等国。我国铬铁矿资源的分布的基本特点：矿床规模小、富矿少、贫矿多，并且分布零散。在已探明的 56 处矿区中，尚没有储量在 500 万 t 以上的大型矿区。目前我国铬铁矿主要分布在西藏、新疆和甘肃。从数量上来讲只占世界储量数量的 0.16%，基本上属于贫铬矿资源国家。分布地区交通不方便、运输困难。因此，我国铬铁矿 90% 以上依靠进口，随着国内新一轮不锈钢产业的投资，铬矿资源的供需矛盾将十分突出，应该引起有关部门的高度重视。图 3-2 示出了

1996 年世界主要铬矿生产国产量所占比例。铬矿产地和各矿石化学
成分见表 3-6。

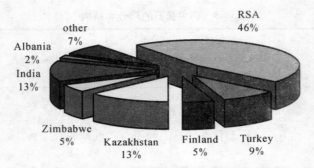

图 3-2　1996 年世界主要铬矿生产国产量比例[11]

表 3-6　铬矿产地及其化学成分/%

产　地	Cr₂O₃	FeO	Fe₂O₃	Al₂O₃	MgO	SiO₂	CaO	Cr/Fe	文献
南　非	45.91	20.71	6.13	14.47	10.90	1.72		1.53	[12]
印　度	54.77	16.57		10.31	11.47	3.65	0.32	2.91	[13]
菲律宾	47.28	17.41		11.04	15.68	5.24	0.10	2.39	[13]
阿尔巴尼亚	46.75	11.64		7.82	20.94	8.12	2.06	3.53	[13]
西　藏	48.69	12.61		10.78	21.76	7.05	0.25	3.40	[13]
巴基斯坦	46.16	14.15		10.40	16.17	6.64	1.32	2.87	[13]
新　疆	35.85	13.84		22.79	16.86	6.64	0.59	2.28	[13]
澳大利亚	48.30	23.40		9.80	11.40	4.20		1.82	[14]
伊　朗	48.83	10.61	4.05	9.14	15.69	6.72	2.26	3.01	[15]
土耳其	33.14	9.08		8.54	24.97	14.11	0.40	3.21	[16]
前苏联	51.77	13.52		10.33	14.62	8.56	0.31	3.37	[16]
津巴布韦	57.80	12.50		9.20	15.80	4.10	0.60	4.07	[17]
芬　兰	33.60	17.50		11.70	18.20	11.60	1.40	1.69	[18]
哈萨克斯坦	44.40	11.50		6.10	22.70	10.70	0.19	3.40	[18]
南　非	44.50	25.10		15.50	10.00	3.20	0.30	1.56	[19]

铬矿石中氧化铬含量多少是铬矿的主要质量指标,它对冶炼的各项技术指标影响很大。同时要求铬矿有一定的 Cr/Fe 比,因为该比值越高,铬含量就高,杂质就少。如 MgO、Al_2O_3 高时,铬矿的还原更困难。根据 Hino 等人[20]的看法,如果铬矿中含铬低而铝高,因为 Al 稳定了铬尖晶石,可能使还原更加困难。在尖晶石中含铝量高,也意味着在渣中必然溶解更多的 Al,并且可能在矿石晶粒周围产生更多的镁铝尖晶石,从而影响矿石的还原性。

从热力学角度看,FeO、Fe_2O_3 和 Cr_2O_3 都不是难还原的氧化物,但当从各种尖晶石中将它们还原时,情况就完全不一样了。显然,它们被还原的难易程度,与它们的存在形式及其所占比例有关(表 3-7)。

表 3-7　几种尖晶石生成反应的自由能、自由能值和晶格常数[21]

生 成 反 应	自由能式	自由能值(1 700℃) /(kJ/mol)	晶格常数,Å
$MgO+Al_2O_3 \Longrightarrow MgO \cdot Al_2O_3$	$-35\ 600-2.09T$	$-39\ 724$	8. 09
$FeO+Cr_2O_3 \Longrightarrow FeO \cdot Cr_2O_3$	$-45\ 144+8.36T$	$-28\ 650$	8. 37
$MgO+Cr_2O_3 \Longrightarrow MgO \cdot Cr_2O_3$	$-42\ 845+7.11T$	$-28\ 817$	8. 32
$FeO+Al_2O_3 \Longrightarrow FeO \cdot Al_2O_3$	$-39\ 710-7.11T$	$-53\ 738$	8. 14

由表 3-6 的数据可以看出:Al_2O_3 的存在将使 Fe 的还原变得十分困难;MgO 的存在使 Cr 的还原变得略微困难些。

MgO 和 Al_2O_3 易生成致密难熔的镁铝尖晶石反应层,使 Cr 的还原更困难。

一些学者对铬铁矿做过的还原性研究表明,随着铬矿中 MgO + Al_2O_3 总量的提高,特别是 Al_2O_3 含量的增加,铬铁矿的还原性变差。

实际上,铬尖晶石矿物中的 Fe^{3+} 很容易还原成 Fe^{2+},并使铬尖晶石晶格发生畸变而有利于还原反应的进行。据此,舒莉和戴维[22]提出,对铬铁比一定的铬尖晶石可用 Fe^{3+} 阳离子的比例来表示铬铁矿还原的难易程度。通过计算,在铬含量和铬铁比一定时,铬尖晶石类矿物中的 Fe^{3+} 的比例随矿物中 MgO/Al_2O_3 比值的增加而增加。即在上述条件下,铬铁矿的还原性随矿物中 MgO/Al_2O_3 比值的增加而变好。

文献[23]报道,铬铁矿还原前期的活化能(125 kJ/mol)远小于还原后期的活化能(238 kJ/mol)。这表明,铬矿的 Cr/Fe 比值对铬矿还原性的影响只有在还原前期有所体现,此后则主要是矿物中的 MgO/Al_2O_3 比值起主导作用了。

还原过程中 $MgO \cdot Al_2O_3$ 尖晶石阻碍层的形成是必然的。据此,Neuschutz 等学者的研究表明,熔剂的添加有利于尖晶石矿物的溶解和还原[24、25]。在实际生产中铬矿的熔点和熔炼产生的炉渣熔点均相当高,故在熔炼过程中添加一定量的熔剂大多是必不可少的工艺条件。但是,由于 SiO_2、CaO(硅石和石灰的主要成分)与 MgO 的结合趋势要强于 Al_2O_3,因而在还原条件下,熔剂对 MgO/Al_2O_3 比值较高的铬矿还原过程的促进作用更为显著。

3.3.3 铬铁矿的矿相及扫描电镜照片

陈永高[21]对印度、南非、伊朗和哈萨克斯坦铬矿进行了矿相分析,如表 3-8 所示。

表 3-8　几种矿物的矿相分析

开始熔化温度/℃	铬矿产地	矿石结构	脉石量	金属矿物
1 500	印度	中细粒结构	蛇纹石占矿石总量的10%～15%	自形-半自形等轴粒状晶体,少数为他形晶,粒度一般为 0.2～1.8 mm
1 595	南非	变余中细粒自形-半自形粒状及包含结构	古铜辉石透闪石,共占矿石总量25%左右	自形-半自形晶粒状富铁铬尖晶石为主,占矿石总量的 75%,大晶粒 0.3～0.5 mm,小晶粒 0.06～0.1 mm

续 表

开始熔化 温度/℃	铬矿 产地	矿石结构	脉石量	金属矿物
1 650～ 1 660	伊朗	中细粒半自形-他形及粒状结构	蛇纹石占矿石总量 30%～35%	细粒他形晶黑色镁铬铁矿为主,占矿石总量的 65%,晶体粒度 0.1～1 mm,铬铁矿在矿石中分布不均
	哈萨克斯坦	隐晶粒状结构	蛇纹石占 15%左右,黏土、水镁石占 15%～20%	半自形-他形粒状晶体占矿石总量 65%～70%,粒度一般为 0.5～2.0 mm

从矿物分析可以看出,伊朗矿的矿物类型为镁铬铁矿,熔点高,晶粒较粗大,矿物中 FeO、Al_2O_3 含量较低,MgO 含量高,故伊朗矿属难熔较易还原矿;相反,南非矿晶粒较细小,但矿物类型为富铁铬尖晶石且有包含结构,MgO 含量较低,因而南非矿属易熔较难还原矿。澳大利亚铬铁矿与南非矿成分和特性比较接近。

图 3-3 为澳大利亚铬铁矿的矿相光学照片,从图中可以看出,澳大利亚铬矿晶粒呈现极不规则、大小不一的团块状结构,晶粒中有一些孔洞。晶界周围深色物主要是铬铁矿中的脉石成分,从后面铬铁矿的扫描电镜和面扫描的图像中可以得到证实。图 3-4 是伊朗铬铁矿的矿相照片,伊朗矿呈现较大的块状,结构致密。

图 3-3　澳大利亚铬铁矿的矿相照片

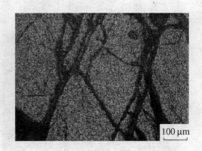

图 3-4　伊朗铬铁矿的矿相照片

　　图 3-5 是澳大利亚铬铁矿的扫描电镜和面扫描的图像,从中可
以清晰地看出,铬和铁主要集中分布在铬铁矿的晶粒内。镁、铝、硅
主要集中在晶界周围,它们以镁铝尖晶石($MgO \cdot Al_2O_3$)和镁橄榄石
($2MgO \cdot SiO_2$)的形式存在。澳大利亚铬铁矿中的钙含量极低,因此
在面扫描图像中其强度分布低且均匀。

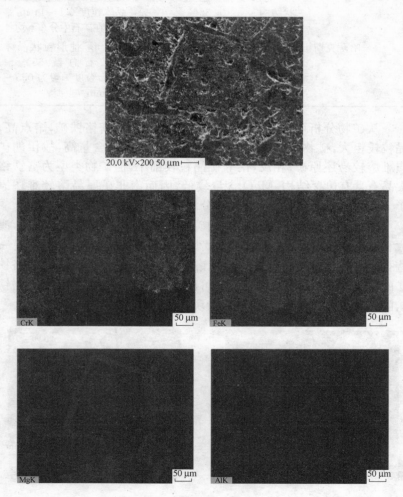

图 3－5　澳大利亚铬铁矿的扫描电镜和面扫描图像

　　从澳大利亚铬铁矿点成分 X
射线能谱分析结果也可以得到进一
步的证实,图 3－6 是澳大利亚铬铁
矿的 SEM 照片,图中数字为 X 射
线能谱分析点成分的位置。其中点
1、2、4 均在铬铁矿的晶粒上,点 3
在晶界周围的脉石上。表 3－9 的
分析结果显示点 1、2、4 中的铬、铁
含量的相对比例较高,铝含量其次;
点 3 中的镁、铝、硅含量相对较高,
表明铬铁矿的脉石中主要含有这三
种元素的氧化物及其结合物。点成
分的 X 射线能谱分析结果与电镜
面扫描的结果非常吻合。

**图 3－6　澳大利亚铬铁矿的
SEM 照片(图中数字为 X 射线
能谱分析点成分的位置)**

表 3－9　澳大利亚铬铁矿点成分 X 射线能谱分析结果

点位	Cr	Fe	Mg	Al	Si	Ca	$\sum$
1	50.07	28.55	7.71	11.80	1.48	0.39	100
2	52.60	27.94	6.00	11.45	1.53	0.48	100
3	6.67	5.54	31.64	22.88	33.05	0.22	100
4	53.07	24.88	8.05	12.07	1.50	0.43	100

3.4　小结

　　本章介绍了不锈钢中主要的合金元素铬及其化合物的特性,同时,介绍了铬铁矿的种类、分布、矿物结构及其还原特性。铬铁矿矿物结构式为 $(Cr,Al,Fe)_{16}(Mg,Fe)_8O_{32}$,一般化学式为 $(Mg,Fe)\cdot(Cr,Fe,Al)_2O_4$ 或 AB_2O_4,主要由五种高熔点尖晶石固溶而成。铬矿主要可以分为镁铬尖晶石矿和富铁铬尖晶石矿两种,镁铬尖晶石矿熔点高,晶粒粗大,FeO、Al_2O_3 含量较低,MgO 含量高,难熔但易还原,伊朗矿属典型的镁铬尖晶石矿;铁铬尖晶石矿晶粒细小,富含 FeO,MgO 含量低,易熔较难还原,典型的如南非矿和澳大利亚铬铁矿。

　　本章还借助光学显微镜、扫描电镜、X 射线能谱分析等分析手段,对本文研究中主要采用的两种铬铁矿——澳大利亚和伊朗铬铁矿的矿相结构和还原特性进行了研究。

参考文献

［1］　丁翼. 铬化合物生产与应用. 北京:化学工业出版社,2003:1,15.

［2］　M. Venkatraman and J. P. Neumann. The C－Cr (Carbon-Chromium) System. Bulletin of Alloy Phase Diagrams, 1990, 11(2):152－159.

［3］　李春德. 铁合金冶金学. 北京:冶金工业出版社,2001:106－107.

［4］　铬矿熔融还原技术专辑. 上海:上钢五厂技术发展部情报室、炼钢室. 1992.

［5］　Rankin W. J., Biswas A. K.. Oxidation States of Chromium in Slag and Chromium Distribution Slag-Metal Systems at

1,600 Degree C. Transactions of the Institution of Mining & Metallurgy, Section C, 1978,87(3): 60 - 70.

[6] Robison James W. Jr., Pehlke Robert. D. Kinetics of Chromium Oxide Reduction from a Basic Steelmaking Slag by Silicon Dissolved in Liquid Iron. Metallurgical Transactions, 1974, 5(5): 1041 - 1051.

[7] Y. Xiao, M. Reuter and L. Holappa. Oxidation State of Chromium in Molten Slags. The 6th International Conference on 《Molten Slags, Fluxes and Salts》, Stockholm, Sweden-Helsinki, Finland 12th - 17th, June, 2000.

[8] 戴维,舒莉. 铁合金冶金工程. 北京: 冶金工业出版社, 1999: 95.

[9] R. H. Eric, O. Soykan and E. Uslu. 用固体碳和溶于液态合金中的碳还原铬铁矿尖晶石. INFACON 5,1989,USA,第五届国际铁合金会议文集,冶金工业部《铁合金》编辑部印,1990: 64 -74.

[10] 郭文政. 铬矿的熔化性对冶炼中低铬的影响. 铁合金,1979 (4): 21 - 27.

[11] M. Sciarone. South African Chrome Ore for the Production of Charge Chrome, INFACON 8,Beijing (China), 1998: 153 -157.

[12] Hiroshi G. Katayama, Masayuki Satoh and Masanori Tokuda. Dissolution and Reduction Behaviors of Chromite Ore in Molten Slag. Tetsu-to-Hagane, 1989, 75(10): 1883 - 1890.

[13] 于广盛. 高碳铬铁渣型的探讨. 铁合金,1990(4): 1 - 8.

[14] H. V. Duong and R. F. Johnston. Kinetics of Solid State Silica Fluxed Reduction of Chromite with Coal. Ironmaking and Steelmaking, 2000,27(3): 202 - 206.

[15]　杨志忠. 内加碳铬矿还原球团试验. 铁合金, 1987(2): 8 - 13, 18.

[16]　Harold R Larson. Smelting Fine Chromium Ores in a Plasma Arc Furnace. 1991 Electric Furnace Conference Proceedings, 299 - 304.

[17]　Wenguo Pei, Olle Wijk. Chromite Ore Smelting Reduction by a Carbon Saturated Iron Melt. Scand. J. Metallurgy, Vol. 23, 1994, 23: 216 - 223.

[18]　A. Jansson, V. Brabie, E. Fabo, et al. On the Slag Formation and its Role in the Ferrochromium Production. The 6th International Conference on 《Molten Slags, Fluxes and Salts》, Stockholm, Sweden-Helsinki, Finland 12th - 17th, June, 2000.

[19]　Takamitsu Nakasuga, Haiping Sun, Kunihiko Nakashima, et al. Reduction Rate of Chromite Ore by Fe - C - Si Melts. The 2th International Conference on Processing Materials for Properties, 2000: 553 - 558.

[20]　Mitsutaka Hino, Ken-ichi Higuchi, Tetsuya Nagasaka, et al. Phase Equilibria and Thermodynamics of $FeO \cdot Cr_2O_3$ - $MgO \cdot Cr_2O_3$ - $MgO \cdot Al_2O_3$ Spinel Structure Solid Solution Saturated with $(Cr, Al)_2O_3$. ISIJ International, 1995, 35(7): 851 - 858.

[21]　Chen Yonggao. Studies On Factors Affecting Carbon Content in Ferrochrome and Chromium Content in Slag, INFACON 8, 189 - 194(陈永高. 影响铬铁含量和矿渣含铬量因素的探讨. 第八届国际铁合金大会文献, 136 - 140).

[22]　舒莉, 戴维. 高碳铬铁含碳量的控制. 铁合金, 1994(2): 1 - 13.

[23]　M. J. Niayesh. 铬铁矿固态还原. 铁合金, 1994 (3): 49 - 55.

[24]　D. Neuschutz, P Janben, G. Friedrich, et al. Effect of Flux

Additions on the Kinetics of Chromite Ore Reduction with Carbon. INFACON 7, Norway,1995：371－381.

[25] N. F. Dawson, R. I. Edwards. 影响铬铁矿还原速率的因素. INFACON 4,1986, Brazil,第四届国际铁合金会议文集,冶金工业部《铁合金》编辑部印,1987：51－57.

第四章 铬铁矿还原的热力学
及其还原机理

4.1 铬铁矿碳热还原的热力学

为了详细研究铬铁矿的还原过程,有必要对相关反应的可能性进行热力学计算和分析。在铬铁矿中 Cr_2O_3 大多是与 FeO、MgO 和 Al_2O_3 形成含量各不相同的尖晶石(MgO,FeO)·(Cr_2O_3,Al_2O_3)形式出现的,而铬铁矿中各组元的还原反应起始温度均可以按热力学数据计算出来。因此,分别考察纯 Cr_2O_3、$FeO·Cr_2O_3$、$MgO·Cr_2O_3$ 碳热还原的热力学将有助于了解铬铁矿的碳热还原热力学。表 4-1 中列出了铬铁矿碳热还原时可能涉及的主要反应的标准自由能及其分别在四种不同分压下的平衡温度。

在矿热炉铬铁生产中,一般都认为铬是从 Cr_2O_3 中还原出来的。对纯 Cr_2O_3 的还原来讲,用碳热还原法将其还原成金属铬时(P_{CO} 为 1 atm,以下相同),反应式如表 4-1 中第 15 式,起始还原温度为 1 425℃。

但如果考虑还原产物生成碳化铬,反应式如表 4-1 中第 9、10、12 式所示,生成 Cr_3C_2、Cr_7C_3、$Cr_{23}C_6$ 时的起始还原温度可以分别降低到 1 284℃、1 298℃和 1 340℃。可见由 Cr_2O_3 还原生成铬的碳化物时的起始温度大大低于直接生成金属铬的温度。由于生成铬的碳化物的反应比生成纯金属铬易于进行,所以还原时配碳量高时可望得到较高的还原率。

对于铁铬尖晶石型的铬铁矿而言,如澳大利亚和南非等铬铁矿,其主要成分是 $FeO·Cr_2O_3$,于是碳热还原反应是按下式进行的(表

表4-1 铬铁矿碳热还原时主要反应的标准自由能和平衡温度[1]

序号	反应方程式	$\Delta G_T^0/\mathrm{J}$	T, K, at P_{CO}			
			1 atm	0.1 atm	0.01 atm	0.001 atm
1	$3Fe_2O_3 + C \longrightarrow 2Fe_3O_4 + CO$	137 805 − 228.43T	603	557	517	482
2	$Fe_2O_3 + C \longrightarrow 2FeO + CO$	179 655 − 218.05T	824	757	701	652
3	$Fe_3O_4 + C \longrightarrow 3FeO + CO$	200 595 − 212.86T	942	865	799	742
4	$Fe_3O_4 + 4Fe_3C \longrightarrow 15Fe + 4CO$	618 907 − 631.42T	980	874	789	719
5	$Fe_3O_4 + 5C \longrightarrow Fe_3C + 4CO$	670 835 − 682.28T	983	884	803	735
6	$FeO + Fe_3C \longrightarrow 4Fe + CO$	142 891 − 142.91T	1000	882	789	713
7	$3FeO + 4C \longrightarrow Fe_3C + 3CO$	470 114 − 469.42T	1001	892	804	732
8	$FeO + C \longrightarrow Fe + CO$	153 251 − 152.08T	1001	890	801	728
9	$3Cr_2O_3 + 13C \longrightarrow 2Cr_3C_2 + 9CO$	2 306 296 − 1 481.28T	1557	1395	1263	1154
10	$7Cr_2O_3 + 27C \longrightarrow 2Cr_7C_3 + 21CO$	5 426 008 − 3 453.53T	1571	1407	1274	1164
11	$3Cr_2O_3 + 13Fe_3C \longrightarrow 2Cr_3C_2 + 39Fe + 9CO$	2 171 610 − 1 349.04T	1610	1427	1282	1164
12	$23Cr_2O_3 + 81C \longrightarrow 2Cr_{23}C_6 + 69CO$	18 152 848 − 11 255.37T	1613	1443	1306	1193
13	$7Cr_2O_3 + 27Fe_3C \longrightarrow 2Cr_7C_3 + 81Fe + 21CO$	5 146 275 − 3 178.89T	1619	1437	1292	1174
14	$23Cr_2O_3 + 81Fe_3C \longrightarrow 2Cr_{23}C_6 + 243Fe + 69CO$	17 313 649 − 10 431.43T	1660	1473	1324	1203
15	$Cr_2O_3 + 3C \longrightarrow 2Cr + 3CO$	825 029 − 486.00T	1698	1518	1373	1253
16	$Cr_2O_3 + 3Fe_3C \longrightarrow 2Cr + 9Fe + 3CO$	793 947 − 455.48T	1743	1548	1392	1265
17	$SiO_2 + 3C \longrightarrow SiC + 2CO$	624 559 − 346.06T	1805	1625	1478	1355

续 表

序号	反 应 方 程 式	$\Delta G_T^0 / J$	T, K, at P_{CO}			
			1 atm	0.1 atm	0.01 atm	0.001 atm
18	$SiO_2 + 2C \Longrightarrow Si + 2CO$	678 977 − 349.12T	1 945	1 753	1 595	1 463
19	$Cr_2O_3 + 3Cr_7C_3 \Longrightarrow Cr_{23}C_6 + 3CO$	937 411 − 447.36T	2 095	1 857	1 667	1 513
20	$Cr_2O_3 + Cr_7C_3 \Longrightarrow 9Cr + 3CO$	999 624 − 460.21T	2 172	1 931	1 738	1 580
21	$2Cr_2O_3 + Cr_{23}C_6 \Longrightarrow 27Cr + 6CO$	2 061 462 − 933.32T	2 209	1 967	1 772	1 613
22	$Al_2O_3 + 3C \Longrightarrow 2Al + 3CO$	1 337 024 − 575.75T	2 322	2 111	1 936	1 787
23	$MgO + C \Longrightarrow Mg + CO$	489 935 − 193.06T	2 538	2 309	2 118	1 956
24	$3FeCr_2O_4 + 17C \Longrightarrow Fe_3C + 2Cr_3C_2 + 12CO$	2 776 410 − 1 950.70T	1 423	1 273	1 152	1 052
25	$3FeCr_2O_4 + 16C \Longrightarrow 3Fe + 2Cr_3C_2 + 12CO$	2 766 050 − 1 940.53T	1 425	1 275	1 157	1 052
26	$21FeCr_2O_4 + 109C \Longrightarrow 7Fe_3C + 6Cr_7C_3 + 84CO$	19 568 825 − 13 646.56T	1 434	1 283	1 160	1 059
27	$7FeCr_2O_4 + 34C \Longrightarrow 7Fe + 2Cr_7C_3 + 28CO$	6 498 767 − 4 525.12T	1 436	1 284	1 161	1 060
28	$3FeCr_2O_4 + 16Fe_3C \Longrightarrow 2Cr_3C_2 + 51Fe + 12CO$	2 600 282 − 1 777.17T	1 463	1 295	1 162	1 054
29	$69FeCr_2O_4 + 335C \Longrightarrow 23Fe_3C + 6Cr_{23}C_6 + 276CO$	65 271 173 − 44 588T	1 464	1 309	1 183	1 080
30	$23FeCr_2O_4 + 104C \Longrightarrow 23Fe + 2Cr_{23}C_6 + 92CO$	21 677 627 − 14 776.30T	1 467	1 311	1 185	1 081
31	$7FeCr_2O_4 + 34Fe_3C \Longrightarrow 2Cr_7C_3 + 109Fe + 28CO$	6 146 511 − 4 179.27T	1 471	1 303	1 170	1 062
32	$23FeCr_2O_4 + 104Fe_3C \Longrightarrow 2Cr_{23}C_6 + 335Fe + 92CO$	20 600 138 − 13 718.40T	1 502	1 331	1 195	1 084
33	$3FeCr_2O_4 + 13C \Longrightarrow Fe_3C + 6Cr + 12CO$	2 945 200 − 1 927.42T	1 528	1 365	1 234	1 125
34	$FeCr_2O_4 + 4C \Longrightarrow 2Cr + Fe + 4CO$	978 280 − 639.08T	1 531	1 367	1 235	1 126
35	$FeCr_2O_4 + 4Fe_3C \Longrightarrow 2Cr + 13Fe + 4CO$	936 838 − 598.40T	1 566	1 388	1 246	1 131

4-1中的第 34 式)。它的起始还原温度为 1 258℃,由于存在氧化铁的缘故,与纯 Cr_2O_3 的碳热还原相比较,其起始还原温度大为降低。Hino 确定的 $FeO \cdot Cr_2O_3$ 被碳还原的最低温度为 1 117℃[2]。铬铁尖晶石中的 FeO 虽然比纯铁矿难还原,但仍可领先于 Cr_2O_3 的还原,而且领先还原出来的铁对 Cr_2O_3 的还原有促进作用。

当铬铁矿中的铬是以镁铬尖晶石形态为主存在时,例如伊朗铬铁矿,它被固体碳还原的反应式为[3]:

$$MgO \cdot Cr_2O_3 + 3C = 2Cr + MgO + 3CO$$

$$\Delta G_T^0 = 806\ 587 - 520.42T\ (J) \qquad T_{开始} = 1\ 276℃$$

用碳还原铬铁矿得到的产物一般是碳素铬铁,而不是金属铬。生成物中含碳愈高,则还原愈容易。与此同时,矿石中的氧化铁在比较低的温度下就可以先得到还原,而铬还原后与铁形成化合物$(Cr,Fe)_2C_3$ 或 $(Cr,Fe)_7C_3$ 等碳化物,将使铬的还原更容易。这是因为在有铁存在时,生成的铬铁合金中铬的活度小于 1,因此有利于从 Cr_2O_3中还原铬。一般所说的难还原铬矿主要是以 $MgO \cdot (Cr_2O_3,Al_2O_3)$形式存在的矿石,由于还原过程中形成的 $MgO \cdot Al_2O_3$ 对铬铁的还原起阻碍作用。但这时添加 SiO_2 可以使还原反应速度加快,这是冶炼碳素铬铁时加入硅石的主要原因。

图 4-1 比较了 Cr、Fe、Mn 氧化物或尖晶石用碳直接还原时的开始反应温度,其中 Mn 用碳还原的反应式和热力学数据为[4]:

$$Mn + C = Mn + CO$$

$$\Delta G_T^0 = 290\ 175 - 173.45T\ (J) \quad T_{开始} = 1\ 400℃$$

由图 4-1 可知,用碳还原 Cr_2O_3 中生产金属铬的开始反应温度最高,为 1 425℃,略高于 MnO 的开始还原温度(1 400℃)。而铁铬尖晶石和镁铬尖晶石的开始还原温度分别为 1 258℃ 和 1 276℃,它们的还原开始温度均大大高于 FeO 的开始还原温度(728℃)。

矿热炉冶炼碳素铬铁的实践对竖炉型熔融还原法冶炼含铬铁水

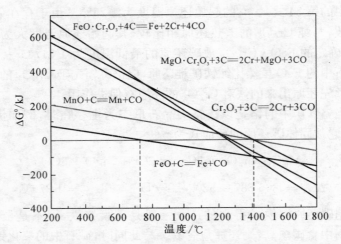

图 4-1　Cr、Fe、Mn 氧化物(或尖晶石)碳直接还原热力学状态图

同样是有借鉴作用的。由于高炉炉缸的温度一般在 1 500℃ 以上,从上述对纯 Cr_2O_3、铁铬尖晶石、镁铬尖晶石被碳还原的热力学分析可以看出,铬矿石在竖炉中是完全可以被还原的。

从另一个角度来分析,用碳还原 Cr_2O_3 的热化学反应以及硅、锰还原的热化学反应式列出如下[5]:

$$(Cr_2O_3) + 3C \Longrightarrow 2[Cr] + 3CO - 85\ 6297\ \text{kJ}\quad(8\ 234\ \text{kJ/kgCr})$$

$$(SiO_2) + 2C \Longrightarrow [Si] + 2CO - 628\ 397\ \text{kJ}\qquad(22\ 443\ \text{kJ/kgSi})$$

$$(MnO) + C \Longrightarrow [Mn] + CO - 287\ 381\ \text{kJ}\qquad(5\ 225\ \text{kJ/kgMn})$$

比较单位金属 Cr、Si、Mn 还原时所要吸收的热量可知:还原铬吸收的热量大于锰但远小于硅的还原吸热量。

高炉最早成功生产碳素锰铁的历史可以追溯到 1875 年法国普尔塞尔和南威尔士派尔,随着高炉冶炼技术的进步,高炉冶炼锰铁技术逐渐推向世界,国内外采用高炉冶炼碳素锰铁的技术操作和装备水平也不断得到提高和发展。1949 年,我国阳泉钢铁厂用高炉冶炼出锰铁合金。1950 年,鞍山钢铁公司、重庆钢铁公司先后使用即将大修的生铁高炉改炼锰铁成功,新余钢铁公司 1960 年开始生产高炉锰铁[6-8]。高炉冶炼锰铁的实践同样可以为竖炉冶炼含铬铁水提供有益的经验。

因此,从热力学角度分析,铬铁矿在高炉中被碳还原毫无疑问是不存在问题的。

4.2　CO 还原铬铁矿的热力学

铬铁矿的还原过程是由固体碳直接还原还是由一氧化碳进行间接还原,应该说人们在这一还原途径的研究中迄今还有不少解释不了的结果或相互矛盾的观点。因此,有必要对 Cr_2O_3 和铬铁矿用 CO 气体还原的热力学进行分析。

金属氧化物用 CO 气体的间接还原是借助于 Boudouard 反应进行的,它是固体碳作为还原剂时最主要的反应之一,反应式如下[9]:

$$CO_2 + C === 2CO \qquad \Delta G_T^0 = 166\,550 - 171T\ (J)$$

此过程消耗的是碳,CO 只不过是把金属氧化物 Me_xO 的氧传给碳的媒质。故金属氧化物 Me_xO 被 CO 还原的反应式可以写为:

$$Me_xO + CO === xMe + CO_2$$

人们对 CO 还原氧化铁过程的认识是比较成熟的,由于氧化铁的分解遵循逐级转变原则,在 570℃ 以上及其下有不同的转变顺序,即 CO 还原氧化铁是逐级进行的,反应式如下[9]:

$$t > 570℃ \qquad 3Fe_2O_3(s) + CO === 2Fe_3O_4(s) + CO_2$$

$$\Delta G_T^0 = -52\,131 - 41T\ (J)$$

$$Fe_3O_4(s) + CO === 3FeO(s) + CO_2$$

$$\Delta G_T^0 = 35\,380 - 40.16T\ (J)$$

$$FeO(s) + CO === Fe(s) + CO_2$$

$$\Delta G_T^0 = -22\,800 + 24.26T\ (J)$$

$$t < 570℃ \quad 3Fe_2O_3(s) + CO = 2Fe_3O_4(s) + CO_2$$

$$\Delta G_T^0 = -52\ 131 - 41T\ (J)$$

$$1/4Fe_3O_4(s) + CO = 3/4Fe(s) + CO_2$$

$$\Delta G_T^0 = -9\ 832 + 8.58T\ (J)$$

上述反应的平衡常数 K 通常是与反应中气相平衡成分的 P_{CO_2}/P_{CO}有关系,即:$K = P_{CO_2}/P_{CO}$ 或 $P_{CO} = 100/(1+K)$,%。

利用上述各反应的 P_{CO} 与平衡常数 K 的关系式就可以绘出 CO 还原氧化铁的平衡图,利用该平衡图可直观地确定一定温度及气相成分下,任一氧化铁转变的方向及最终的相态,并能得出一定气相组成的氧化铁的还原开始温度。

但是,对于铬氧化物及铬铁矿通过 CO 气体的间接还原则要复杂得多,因为铬铁矿用 CO 的还原涉及矿石中铬氧化物的结合形式以及产物的存在形式,铬氧化物和铬铁矿用 CO 还原的主要反应式、反应的标准生成吉布斯自由能以及分别在 1 420℃和 1 520℃时的反应平衡常数如表 4-2 所示。

表 4-2　铬矿中不同氧化物的热力学数据[10-11]

反应方程式	ΔG_T^0/J	平衡常数 $K(P_{CO_2}/P_{CO})$	
		1 420℃	1 520℃
$FeFe_2O_{4(s)} + CO = 3FeO_{(l)} + CO_{2(g)}$	94 384-80.8T	29.5	42.8
$FeCr_2O_{4(s)} + CO = Fe_{(s)} + Cr_2O_{3(s)} + CO_{2(g)}$	35 739+12.6T	0.017 2	0.019 8
$MgCr_2O_{4(s)} + CO = MgO_{(s)} + 2CrO_{(l)} + CO_{2(g)}$	225 260-50.9T	$5.07×10^{-5}$	$1.24×10^{-4}$
$Cr_2O_{3(s)} + CO = 2CrO_{(l)} + CO_{2(g)}$	182 415-43.8T	$4.54×10^{-4}$	$9.35×10^{-4}$
$CrO_{(l)} + CO = Cr_{(s)} + CO_{2(g)}$	53 211+21.4T	$1.73×10^{-3}$	$2.13×10^{-3}$

由于平衡常数 $K = P_{CO_2}/P_{CO}$，所以从表 4-2 中反应的平衡常数值来看，CO 对铬铁矿的还原需要很高的 CO 分压，而氧化铁反应的平衡常数比氧化铬的大得多，氧化铁的还原只需要较低的 CO 分压。对比铁铬尖晶石矿和镁铬尖晶石矿，可以看出镁铬尖晶石被 CO 还原更需要高得多 CO 分压，它要比铁铬尖晶石还原所需 CO 的分压高 2~3 个数量级。根据表 4-2 中的热力学数据进行计算，以不同的化合物或矿物形式存在的铁和铬的氧化物的热力学还原性在图 4-2 中作了比较，假定固态反应物和产物的活性在计算中是一致的。$P_{CO} + P_{CO_2} = 1$ atm 时，反应的平衡分压比曲线与 Boudouard 反应的平衡分压比曲线分别交于 A、B、C、D 点，CO 还原 $FeCr_2O_4$ 生成 Cr_2O_3 的温度约为 970℃，而 CO 还原 $MgCr_2O_4$ 生成 CrO 的温度则要高于 1 520℃，可见与铁铬尖晶石矿相比，镁铬尖晶石矿被 CO 还原不仅需要较高的 CO 分压，而且还需要较高的温度。铁矿（$FeFe_2O_4$）被 CO 还原的起始温度则低于 700℃。

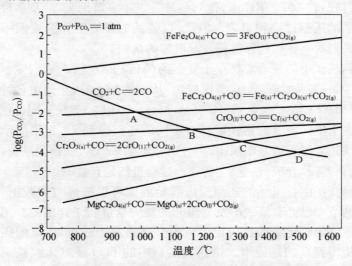

图 4-2 用 CO 还原铬矿中主要成分时的 CO_2 与
CO 的平衡分压比值(1 atm)

Kekkonen 与 Holappa 等人[12-13]曾研究了固态下 CO 对铬铁矿球团和块矿的还原,比较了球团或块矿无碳和有碳情况下的还原度以及还原出来的金属中铁、铬含量,结果证实了在 1 420～1 595℃这一温度区域,即使铬铁球团或块矿无碳时,CO 气体对它们的还原也能顺利进行,只是总体的还原度很难超过 40%。Katayama 等人用 CO 还原无内配碳的 $FeCr_2O_4$ 时发现铬也有部分还原[14-15]。

4.3 铬铁矿的还原机理

4.3.1 铬铁矿固态还原过程及其机理

70 年代日本开始大规模生产不锈钢并使不锈钢得到广泛应用,为了降低矿热炉的能源消耗,提高铬的回收率,许多日本学者致力于有关铬矿还原过程及还原机理方面的研究。其中以 Katayama Hiroshi G.(片山博)为主的研究小组比较系统地研究了铬矿团块的还原过程,自 1974 年以来,他们陆续发表了多篇论文,涉及多种条件下铬矿的还原过程和机理。因此,以他们的研究工作为线索不难勾画出人们对铬铁矿还原过程及其机理的认识。

铬铁矿中的铬通常存在于复杂的 $(Mg, Fe)(Cr, Al, Fe)_2O_4$ 矿相之中,一般称此矿相为"铬铁矿"。从矿物学上看,它是由各种尖晶石相$(MgO \cdot Cr_2O_3, FeO \cdot Cr_2O_3, MgO \cdot Al_2O_3)$等按不同比例组成的。由于不同成分的铬铁矿具有不同的还原过程[16],为了揭示铬铁矿团块还原过程的基本规律,先分别考察纯 Cr_2O_3、铁铬尖晶石、镁铬尖晶石和各种合成"铬铁矿"的还原过程自然是有益的。

铬铁矿中各组元的还原反应起始温度可以按热力学数据计算,在前两节中已经对铬铁矿及其组元的热力学进行了详细的介绍。由于生成铬的碳化物的反应比生成纯金属铬易于进行,所以配碳量高时可望得到高的还原率。铬铁尖晶石中的 FeO 虽然比纯铁矿难还原,但仍可领先于 Cr_2O_3 的还原,而且领先还原出来的铁对 Cr_2O_3 的还原有促进作用。镁铬尖晶石只有在足够高的温度下才能被还原。

　　纯 Cr_2O_3 在恒温下的还原规律主要取决于温度的高低和原料粒度的粗细[17]。试验表明，Cr_2O_3 粒度小于 $250\sim325$ 目时，$1\,140\sim1\,170\,℃$ 下可达到 $60\%\sim80\%$ 的还原率（图 4-3）。依赖 X 射线分析，Katayama 等[17]指出 Cr_2O_3 并不像其他氧化物的还原那样有一个由高价到低价的转变。他们没有发现 Cr_3O_4 或 CrO 的出现，也没有检出金属铬或 $Cr_{23}C_6$。还原生成物仅是 Cr_3C_2 和 Cr_7C_3，而且这两种碳化物的相对数量与还原温度、氩气流量、原料粒度等因素有关。Katayama 等[17]认为它们是同时生成的，只是由于团块内外的 P_{CO_2}/P_{CO} 值不同，所以在其内部形成 Cr_3C_2，而在外缘生成 Cr_7C_3。

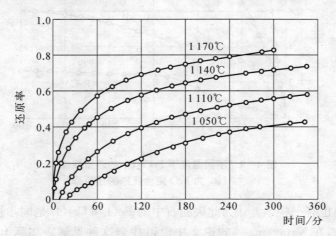

图 4-3　温度对 Cr_2O_3 还原的影响[17]

　　Maru 等[18]曾用 $Cr_{23}C_6$ 作为 Cr_2O_3 的还原剂。除了原料粒度和还原温度之外，他们还发现 $Cr_{23}C_6$ 的原始气孔率也是影响还原速率的一个重要因素。它们的还原产物是金属铬。这之所以有别于 Katayama 等人的研究结果，看来起因在于初始配碳量的差异。

　　图 4-4 是 Katayama 等给出的铁铬尖晶石的还原规律[19]。此尖晶石的还原比纯 Cr_2O_3 容易，在 $1\,180\,℃$ 下还原率可达 100%，而后者在 $1\,170\,℃$ 下只有 80%。$1\,090\,℃$ 还原曲线呈现一个相应于其中的

FeO 被完全还原出来的平台阶,即 $R = R_F$(R_F 为矿石中氧化铁全部还原时的还原率)。说明在此条件下 FeO 的还原领先。随着这一过程的推进,铁铬尖晶石逐渐蜕变成 Cr_2O_3。在 $R < R_F$ 的试样中,X 衍射分析指出有 $\alpha\text{-}Fe$ 存在,并且还原所生成的碳化物中铬的含量也随还原率的提高而增加,初期是 $(Fe, Cr)_3C_2$,而后变为 $(Cr, Fe)_7C_3$。

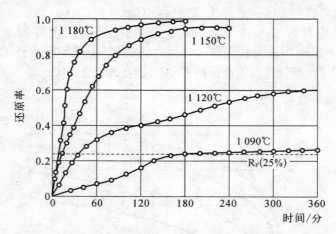

图 4-4　不同温度下 FeCr₂O₄ 的还原规律
(R_F 为 FeO 完全还原的还原率)[19]

但也有一些学者认为此尖晶石中的 FeO 和 Cr_2O_3 是同步被还原出来的,在 Katayama 等的论文中也可找到这种见解。实际上,由图 4-4 可见,随着还原温度的升高 FeO 领先还原的过程很快就能完成,这就是在宏观上往往可看到两者同步还原的原因。但即使在此条件下,仍显示出 FeO 的还原能促进 Cr_2O_3 还原的作用。

在 $FeO \cdot Cr_2O_3$ 的还原过程中,Murti 等[20]认为还原产物中可检测出 Cr_3O_4。Chinje 等[21]也有类似的发现,并认为此种含有 Cr^{2+} 的尖晶石和金属铁接触时会生成一种熔点较低(< 1 000℃)的液相,虽然随着还原率的提高,此液相逐渐消失,但它可能是引起团块开裂的一个重要原因。铬矿常含有 Fe_2O_3,其作用与 FeO 应是一致的。

镁铬尖晶石的还原约于 1 200℃ 开始,然而只要有约 40℃ 的温升,还原率就可达到 100%(见图 4 - 5)。温度的这种重大影响正是镁铬尖晶石还原过程的特点,还原生成物是 MgO 和 Cr_3C_2。

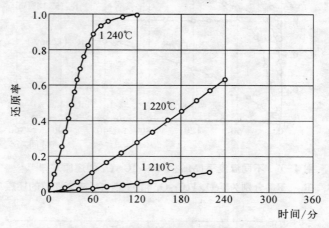

图 4 - 5   不同温度下 $MgCr_2O_4$ 的还原规律[22]

合成铬铁矿($Mg_{0.5}$,$Fe_{0.5}$)Cr_2O_4 的还原规律示于图 4 - 6。由 1 150℃ 的曲线特征可以推测其中 $FeCr_2O_4$ 是领先还原的,但它的还原与游离态 $FeCr_2O_4$ 的还原不同,反应需在较高温度下开始。由 > 1 150℃ 的曲线特征还可看到,一旦 $FeCr_2O_4$ 被充分还原,反应速度就显著减小,这说明 $MgCr_2O_4$ 的还原阻力甚大。另一方面,由于 R> R_{Fc} 时还原生成物并不是 Cr_3C_2,而是(Cr,Fe)$_7C_3$,所以($Mg_{0.5}$,$Fe_{0.5}$)Cr_2O_4 中的 $MgCr_2O_4$ 的还原与游离态 $MgCr_2O_4$ 的还原大体相同。

而合成铬铁矿($Mg_{0.5}$,$Fe_{0.5}$)($Cr_{0.8}$,$Al_{0.2}$)$_2O_4$ 在成分上最接近于天然铬铁矿,图 4 - 7 是其还原规律。显见,其中 $MgCr_2O_4$ 的还原只有在约 1 270℃ 以上才能有效地发展。这应该说是加入 Al_2O_3 的结果,但 $FeCr_2O_4$ 的还原看来未受严重影响,在 R> R_{FC} 时,此相的还原产物中发现有 $MgO \cdot Al_2O_3$ 尖晶石的衍射波峰。

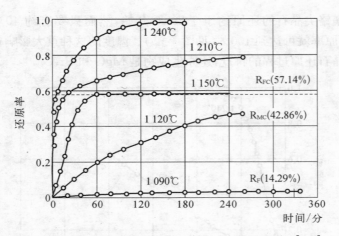

图 4 - 6   不同温度下 $(Mg_{0.5}，Fe_{0.5})Cr_2O_4$ 的还原规律[19,23]
（R_F、R_{FC}、R_{MC} 分别为 FeO、$FeCr_2O_4$ 和 $MgCr_2O_4$ 完全还原的还原率）

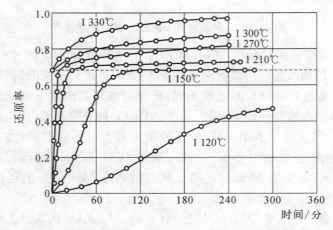

图 4 - 7   不同温度下 $(Mg_{0.5}，Fe_{0.5})(Cr_{0.8}，Al_{0.2})_2O_4$ 的还原规律[19,23]

图 4 - 8 是合成铬铁矿 $Mg(Cr_{0.6}，Al_{0.4})_2O_4$ 的还原规律,它的还原需要 1 300℃ 以上的高温,还原生成物中除了 Cr_3C_2 和 MgO·Al_2O_3 之外,还有游离的 MgO。

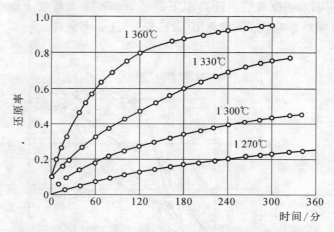

图 4-8　不同温度下 $Mg(Cr_{0.6}，Al_{0.4})_2O_4$ 的还原规律[19]

　　Katayama 等还用从天然矿石中分离出来的"铬铁矿"作了研究。毫无疑问，以上所引述的各种还原规律都应在天然铬铁矿的还原中有所反映，即天然"铬铁矿"的还原照例是分阶段进行的，如图 4-9 所示。

　　当然，在不同的条件下这种分段模式有其变化的可能性。例如，Rankin[16] 在其试验中发现，在 $<1\,200\,℃$ 条件下铬不会被还原，反应生成物里有 Cr_2O_3 检出，这看来也是温度较低和配碳量较小之故。

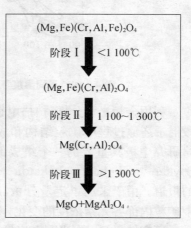

图 4-9　天然铬铁矿的还原过程示意图

　　Katayama 在实验中还发现各种天然铬铁矿有如图 4-10 所示的还原规律。显而易见，在 $1\,200\sim1\,250\,℃$ 前后的还原特点不同。按 Katayama 之见，温度低于 $1\,200\,℃$ 条件下的还原率主要取决于气孔率,气孔率大还原就快。而高温下的还原率在很大程度上则受原料中$\sum$Fe 量的影响,$\sum$Fe 量愈多(含铬较低)还原率愈高。

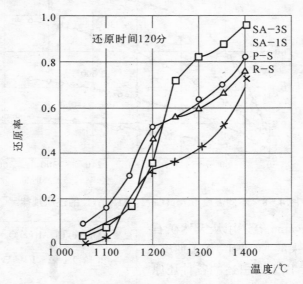

图 4 - 10   不同温度下天然铬铁矿的还原规律[24]

利用金相光学分析、扫描电镜、X 射线能谱分析和电子探针等手段揭示还原过程中矿粒结构和成分的变化,这是铬铁矿固态还原规律研究中极其重要的一个组成部分。Katayama 等[25]与 Rankin[16]、Soykan[26]、Weber[27]、Lekatou[28]等的工作是目前在这方面较为完整的报道。由于采用了定量分析,所以他们能够较好地描述还原过程中矿粒内部各元素浓度的变化。

研究结果显示:当刚有痕量还原率时,铬铁矿矿粒结构还看不出变化,也没有明显的金属析出,各元素的分布大体上与原矿一样。当还原率较低时(20%～30%),此时矿粒结构仍无显著变化,但其外围已可检测出金属相,这并不是纯铁相,其中铬约可达 10%。矿粒直径比原始尺寸略有缩小,矿粒内各元素分布已有明显变化。外缘部位的含铁降低了,甚至出现了浓度梯度,这就是这一阶段铁元素由矿粒内向外扩散的实据,正是这个原因使得铬在矿粒外缘部位的浓度相对升高。然而在紧靠金属析出处铁和铬的局域浓度都降低,在矿粒芯部两者又几乎保持原始浓度。另外,Al_2O_3 在矿粒外缘的浓度已可检测出来。还原率增大至 $30\%\sim50\%$ 时,铬矿颗粒外围的金属相已长大,且其含铬量也增至 $10\%\sim20\%$。颗粒的边界则变得坑洼不平,矿粒内部开始有脉石状金属相析出,可见到气孔变大和增多。MgO 和 Al_2O_3 已在颗粒的外缘浓缩,该处有近似于 $Mg(Cr,Al)_2O_4$ 的相检出。还原率进一步增加($40\%\sim70\%$),此时铬矿颗粒内外均有更大的金属相检出,外围金属相中含有相当高的铬,内部脉状金属相的含铬量较低。如果原始矿粒较细,此时在尚未还原的矿粒内部含铁量已不大,而存在着铬的浓度梯度,表明铬已由内向外的扩散取代了铁的扩散。这一阶段里的其他现象与前一阶段相似。当铬矿还原率更高时,除了与上阶段相似的现象之外,MgO 和 Al_2O_3 的浓缩区已十分明显,表明已经逐渐形成了 $MgO \cdot Al_2O_3$ 的反应阻碍层。

事实上,金属相一旦析出之后它就一直处于渗碳过程中,只是因为 Katayama 和 Rankin 的研究中均未能测碳,故难以判断何时由金属相变成碳化物。

天然铬矿和由其中分离出来的"铬铁矿"的区别在于前者含有以 SiO_2 为主的脉石,因此对天然铬矿的还原规律,Katayama 等[24] 研究认为天然铬铁矿的还原特点正反映了 SiO_2 的作用——当温度低于 1 270℃时它对还原起阻碍作用,在高温下它可与 MgO、Al_2O_3 反应而又促进还原。从高还原率的天然铬矿内元素的分布特征看,存在着一个 MgO 高度浓缩的区域,它把已析出的金属相分割成内外两部分。在原矿的芯部也已充分还原,这里含铁高的金属相和含铁低的混杂在一起。靠近原矿粒外缘处有 SiO_2 的峰,这是 SiO_2 侵入的表现。据 Katayama 等的看法,1 250℃下进行还原时就可观察到这一现象,SiO_2 与 MgO 结合生成 $2MgO \cdot SiO_2$。

含碳铬矿团块的还原过程由固体碳直接还原还是通过一氧化碳进行间接还原呢?

Katayama 等[14]曾在 1977 年发表的论文中研究过改变气氛或气压的影响,所用的(Mg, Fe)(Cr, Al, Fe)$_2$O$_4$ 是由天然铬铁矿分离而得。研究认为低温下($<$1 200～1 250℃)主要是通过 CO 还原,而高温下则主要是碳通过固相扩散直接还原。尽管 CO 还原纯 Cr$_2$O$_3$ 的反应驱动力甚小,只要不大的 P$_{CO_2}$/P$_{CO}$ 分压就足以抑制它。但用 CO 还原无内配碳的 FeCr$_2$O$_4$ 时发现铬也有部分还原,如在 1 300℃下保持 5 小时,R$_{Fe}$ 达 74%,R$_{Cr}$ 也可达 8%[14]。1985 年 Katayama 等所发表的在不同的 CO 气压下还原含碳铬矿的试验结果[15]与文献[14]是吻合的。由此看来,至少在含碳铬矿团块还原过程的前期,反应可能是主要按间接还原方式进行的。而 Niayesh 也证实了铬铁矿球团的碳热还原基本上是通过 CO 间接还原的理论,但球团中必须要有碳粉的存在[29]。

然而,Katayama 等[30]同时发表的在不同 CO 气压下还原含碳 MgCr$_2$O$_4$ 的试验结果却显示出了与之前不同的特点。其结果与文献[14]中的结果又是矛盾的,他也按间接还原作了解释,但同时又承认难以自圆其说。

因此,含碳铬矿团块的还原过程是由固体碳直接还原还是通过一氧化碳进行间接还原,应该说至今人们在这一还原途径的研究中还有不少解释不了的结果或相互矛盾的观点,这也是对铬铁矿固态还原机理解释上难以统一的原因,所以这是有待继续深入探索的一个领域。

铬铁矿的还原过程可以在矿石的熔点以下温度进行,固态还原的理论已为人们所普遍接受,但基于对铬矿固态还原过程是直接还原还是间接还原的认识不同以及铬矿还原的复杂性,长期以来对铬铁矿的固态还原机理存在争论。目前对铬的氧化物及铬铁矿固态还原动力学机理的解释也是多种多样,综合起来,主要有以下观点:

(1)氧的扩散控制

Murti 与 Seshadri[20]在研究 1 150～1 300℃下碳还原合成铬铁矿时,认为反应速率受氧向铬矿颗粒扩散控制。但随后 Algie 等人[31]对 Murti 的研究结果提出质疑,既然碳控制了铬矿颗粒表面的氧分压,那么氧的扩散就不会是反应速率的限制环节。

(2) C 的扩散控制

Barzca[32]与 Vazarlis[33]等人研究认为:还原剂碳通过反应产物层的扩散是铬铁矿还原速率的限制环节。Shimoo 等[34]在研究 Fe_2O_3-Cr_2O_3 的混合物被固体碳固态还原时发现氧化物与石墨碳界面上形成了固体还原产物,因而判断碳通过固体产物层的扩散为速率限制环节。Shimoo 等[35]在研究 $Mg(Cr_{0.6}Al_{0.4})_2O_4$ 碳热还原时也有类似结论。

(3) Boudouard 反应控制

Katayama[15]与 Shimoo[36]均证实合成铁铬尖晶石的碳热还原受 Boudouard 反应控制。Niayesh[29]、徐荣军等[37]研究含碳铬铁球团的固态还原时也支持了这一观点。但 Ding 和 Warner[38]在研究1 240~1 410℃下含碳铬矿球团的还原时则认为 Boudouard 反应不可能是反应的控制步骤,理由有二,一是在温度为 1 240~1 410 ℃范围,Boudouard 反应很迅速;二是由于铬铁矿中的氧化铁优先于氧化铬还原,如果 Boudouard 反应为速率限制环节,那么如下反应就应该接近平衡:$Fe_2O_3 + CO \Longrightarrow 2FeO + CO_2$。

也就是说在气态还原产物中会有可观数量的 CO_2 气体,而研究发现[39,40]气态产物 CO 占绝对优势。因此,Boudouard 反应不可能是反应的限制环节。

(4) CO 气体的扩散控制或 CO 气体的扩散和 Boudouard 反应混合控制

Katayama[17]在研究 Cr_2O_3 被碳还原的机理以及 Shimoo[41]研究合成铬铁矿$(Fe_xMg_{1-x})Cr_2O_4$ 的碳热还原时均认为 CO 气体通过致密产物层的扩散限制着还原速率。Ding[42]对铬矿球团以及 Rankin[43]对天然铬铁矿的还原也证实了此结论。

而袁章福等人[44]在研究 Cr_2O_3 被碳还原时则得出了 CO 气体的扩散和 Boudouard 反应混合控制的结论。Katayama[15]对 $MgCr_2O_4$

碳热还原的研究和 Shimoo[35] 对 $(Fe_{0.5}Mg_{0.5})(Cr_{0.8}Al_{0.2})_2O_4$ 合成铬铁矿的碳热还原都证实了反应受 CO 气体的扩散和 Boudouard 反应混合控制。

(5) 离子扩散模型

1984 年 Algie 和 Finn[45] 研究天然铬矿的碳热还原时,用离子扩散理论解释了其还原过程。1988 年 Perry 等[46] 首次提出铬铁矿还原的"点缺陷模型"(Point defect model),用离子扩散解析铬铁矿的固态还原过程。模型假设铬矿颗粒由包含尖晶石晶胞的同心层构成,且认为 Fe^{2+}、Mg^{2+} 占据晶胞的四面体位置,Cr^{3+}、Al^{3+}、Fe^{3+} 则占据晶胞的八面体位置,并且随铬矿石还原的进行,尖晶石晶胞保持化学计量恒定。借助于 X 射线衍射、X 射线能谱分析、金相分析以及化学分析等手段,根据离子扩散模型,Soykan[26,47] 和 Lekatou[28] 很好地剖析了天然铬铁矿被石墨碳固态还原机理,综合起来可以认为铬铁矿的还原过程按以下阶段进行:① 最初,还原剂将铬矿尖晶石颗粒表面的 Fe^{3+} 和还原成 Fe^{2+} 离子,颗粒表面的 Fe^{2+} 离子还原成金属铁。颗粒表面和内部的离子浓度差成为 Fe^{2+} 离子向外扩散的驱动力,Fe^{2+} 离子的向外扩散,在晶胞内部留下了阳离子空穴。由于电量的平衡氧由晶粒表面脱除。接着发生 Cr^{3+} 离子还原为 Cr^{2+} 离子,铬的氧化物还原明显滞后;② Cr^{2+} 离子向铬矿颗粒中心扩散,在芯部和芯外接触面处,把颗粒表面处尖晶石中的 Fe^{3+} 还原为颗粒内外核界面处的 Fe^{2+} 离子,随后 Fe^{2+} 离子向表面扩散,最终使之还原成金属铁;③ 铁全部被还原后,Cr^{3+} 和 Cr^{2+} 离子逐步还原为金属态,剩下的是不含铁和铬的自由尖晶石——$MgAl_2O_4$。金属化的铁和铬最终以 $(Fe, Cr)_7C_3$ 形式存在。

除上述五种主要的还原机理之外,Ding 和 Warner 在研究含碳铬矿球团的还原机理时[38,42,48],提出铬铁矿的还原分为初期和后期,而它们的还原机理有所差别,认为初期的还原主要受形核和化学反应控制,反应的活化能在 114~172 kJ/mol 之间,后期还原的限制环节主要为固态扩散控制,活化能为 221~416 kJ/mol。

4.3.2　铬铁矿熔融还原过程及其机理

熔融还原是世界冶金界引人注目的一项新工艺,尽管对于竖炉型熔融还原方法冶炼不锈钢母液来说,铬铁矿在竖炉下部通过熔融还原的机理仍是一个空白点。但是,为了实现转炉型熔融还原法冶炼不锈钢母液的工业化生产,70 年代对铬铁矿熔融还原的基础研究或工业试验就引起了国内外学者的广泛关注,主要进行了氧化铬、各种铬尖晶石、含碳铬矿球团、铬铁矿溶解的影响因素,炉渣成分、添加熔剂、温度对还原速率的影响、反应的机理以及反应的动力学模型等基础研究[49-53]。随着 80 年代日本川崎制铁转炉熔融还原法生产不锈钢母液技术的成功开发[54-56],为了进一步提高铬的收得率,降低生产成本,诸多学者仍不断致力于铬铁矿被固体碳熔融还原过程和机理的研究。

● 温度对铬铁矿熔融还原的影响

铬铁矿的熔化和还原温度均比铁矿石的高,这是因为铬铁矿石主要由高熔点尖晶石组分组成,从第三章表 3 - 3 可以看到 $FeO \cdot Cr_2O_3$ 和 $MgO \cdot Cr_2O_3$ 的熔点分别高达 1 850℃和 2 000℃,第三章表 3 - 7 中的几种矿石的开始熔化温度至少在 1 500℃,伊朗矿高达 1 650～1 660℃。从铬矿碳热还原的热力学分析可看到,Cr_2O_3 的碳热开始还原温度在 1 425℃以上,而分别以 $FeO \cdot Cr_2O_3$、$MgO \cdot Cr_2O_3$ 尖晶石为主的铬矿的开始还原温度则高达 1 258℃和 1 276 ℃。

诸多学者都进行过温度影响铬铁矿熔融还原的研究,结果表明温度对铬铁矿的熔融还原速率均有明显的影响[35,49,50,52,57-63],这是因为高温有利于氧化物的分解和还原反应的进行,两者均要吸收热量。

图 4 - 11 示出了温度对 $(Fe_{0.5}Mg_{0.5})(Cr_{0.8}Al_{0.2})_2O_4$ 合成铬铁矿被渣中石墨碳熔融还原的影响,可以看到:铬铁矿还原度的高低与温度有很大关系,温度越高,初期铬铁矿的还原速率越大,并且最终的还原度也较高。

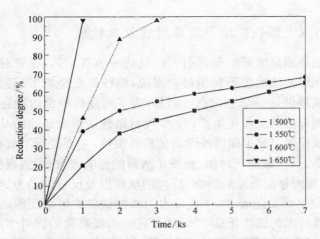

图 4 - 11 **温度对 $(Fe_{0.5}Mg_{0.5})(Cr_{0.5}Al_{0.2})_2O_4$ 合成铬铁矿熔融还原的影响**
（还原剂为石墨碳，$CaO - SiO_2 - Al_2O_3$ 渣）[58]

图 4 - 12 是南非铬铁矿被铁浴中碳熔融还原的影响，温度越高通过铁浴中还原得到的铬含量越高，1 600℃下铁浴中得到的铬的含量是 1 450℃时的三倍。因此，较高的温度非常有利于铬铁矿的熔融还原。

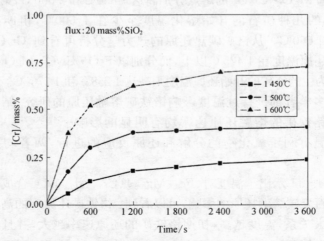

图 4 - 12 **温度对南非铬铁矿铁浴熔融还原的影响（Fe - 2%C，SiO_2 渣）[59]**

● 铬矿的溶解度对其熔融还原的影响

铬矿的熔融还原总是首先伴随着铬矿向熔渣中的溶解,两者几乎是同时发生的。铬矿的熔化性能不仅是指矿石溶化的性能,也包含了矿石的还原性能和矿石中的铬尖晶石在熔渣中的溶解能力。因此,铬矿向渣中溶解的快慢直接影响其还原的速率。80 年代,日本学者在铬矿的溶解度测定方面做了大量的工作。

Katayama[49] 的实验研究证实了铬矿的溶解是从颗粒的表面开始,并逐步向铬矿颗粒内部进行。他研究 1 550~1 650℃下粉碎的铬矿颗粒在 $CaO - MgO - Al_2O_3 \cdot SiO_2$ 渣系中溶解并被碳熔融还原的情况。发现铬矿在该渣系中的溶解是从颗粒表面开始的,并且颗粒表面富含 MgO 和 Al_2O_3。同时发现成分偏离液相线的渣更容易穿透到铬矿颗粒内部从而促进铬矿的溶解。

Morita 等[64] 测定了 1 600℃,在空气气氛中镁铬矿石($MgO \cdot Cr_2O_3$)在 $MgO - Al_2O_3 - SiO_2 - CaO$ 系熔渣中的溶解度,以了解铬铁矿的熔融还原特性。实验是用白金坩埚在塔曼炉中进行的,研究得出以下主要结果:(1) 在 $MgO - SiO_2$ 渣系中,研究得到的 $MgO \cdot Cr_2O_3$ 的饱和溶解度和 Keith 的结果一致,为 1.1~4.5wt% Cr_2O_3(图 4 - 13、图 4 - 14),在用 CaO 代替 SiO_2 的 $MgO - CaO$ 渣系中,溶解度大幅增加,达到 40~55wt%。在高 CaO、低 MgO 的组成中,50% 以上的 Cr 以 6 价存在。(2) 如果在 $MgO - CaO$ 渣系中添加 SiO_2 和 Al_2O_3,一旦 SiO_2 超过 15wt%,Al_2O_3 超过 20wt%,则可发现 $MgO \cdot Cr_2O_3$ 的溶解度大幅度下降(图 4 - 15、图 4 - 16)。(3) 在与铬矿石熔融还原时的渣组成接近的 $MgO - Al_2O_3 - SiO_2$ 渣系中,如果 Cr_2O_3 在 1wt% 以下,则 $MgO \cdot Cr_2O_3$ 的溶解度非常小,但在添加了 CaO 的四元渣系中,其溶解度比在三元渣系中增加几倍。(4) 在与含 Al_2O_3 的渣平衡的铬铁矿相中,一部分 Cr 被 Al 置换,其比例与渣中的 Al_2O_3 浓度大体成比例,得到铬铁矿相中的 Al、Cr 的相互扩散系数,$D_{Al-Cr} = 2.0 \times 10 \sim 14 \ m^2/s$。由上述结果可知,铬铁矿的溶解度增大时,脉石成分 MgO,Al_2O_3 的浓度下降,添加 CaO 等碱性氧化物,对降低 Cr_2O_3 的活度系数是有效的。

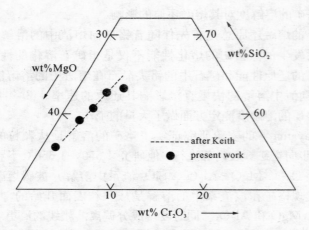

图 4 - 13   1 600℃ 空气下 MgO·Cr₂O₃ 尖晶石在
MgO - SiO₂ 熔体中的溶解度[64]

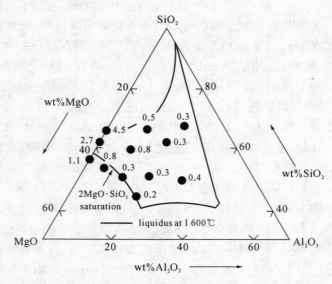

图 4 - 14   1 600℃ 空气下 MgO·Cr₂O₃ 在 MgO - Al₂O₃ - SiO₂ 三元
熔体中的溶解度(图中数字表示 wt%Cr₂O₃)[64]

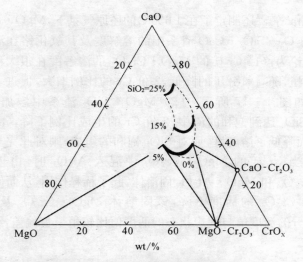

图 4 - 15   1 600℃ 空气下 SiO₂ 对 MgO·Cr₂O₃ 在
MgO - CaO 熔体中溶解度的影响[64]

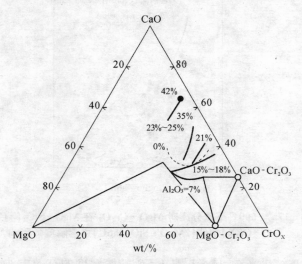

图 4 - 16   1 600℃ 空气下 Al₂O₃ 对 MgO·Cr₂O₃ 在 MgO - CaO
熔体中溶解度的影响[64]

Morita 等[65] 还测定了在 1 600℃的还原气氛下，MgO·Cr₂O₃ 在 MgO - Al₂O₃ - SiO₂ - CaO 渣系中的溶解度及其氧化铬在渣中的活度。其结论为：(1) Cr 矿的 MgO·Cr₂O₃ 的溶解度在很大程度上取决于氧分压，随着氧分压的降低，2 价 Cr 的比例增大，促进了溶解度的提高，如图 4 - 17 所示。(2) MgO - SiO₂ 渣系中添加 CaO，在 2MgO·SiO₂ 达到饱和的渣中，2 价 Cr 的生成比例下降，$\gamma_{CrO1.5}$、γ_{CrO} 变大，从而降低了溶解度，而对 SiO₂ 饱和的组成，则对此完全没有影响。(3) 当 Cr 矿的 MgO·Cr₂O₃ 中混入 Al₂O₃ 时，由于形成了 MgO·Cr₂O₃ 和 MgO·Al₂O₃ 固溶体，起了稀释作用，从而使MgO· Cr₂O₃，即 Cr₂O₃ 的活度下降，该固溶体 MgO·Cr₂O₃ 及 MgO· Al₂O₃ 成分的活度值与理想状态的活度值比较稍呈负偏差，结果降低了溶解度。

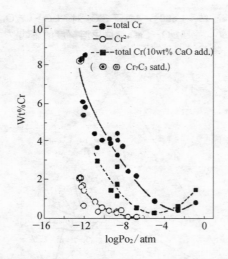

图 4 - 17　1 600℃下氧分压对 MgO·Cr₂O₃ 在 MgO - SiO₂ (- CaO) (- CrOₓ)熔体(2MgO·SiO₂ satd.)中溶解度的影响[65]

从上述结果来看，显著提高 Cr 矿的溶解度的有效方法是降低氧分压，提高呈酸性的 SiO₂ 浓度，促使 2 价 Cr 的生成；减少 Al₂O₃ 的浓度,提高 Cr 矿中的 $MgO \cdot Cr_2O_3$ 的活度。

● 熔剂对铬铁矿熔融还原的影响

(1) 硅石或 SiO_2 的影响

文献[27,38,40,59-61,66-67]都对添加硅石或 SiO_2 熔剂时影响铬铁矿熔融还原过程及其机理进行了研究。

Weber 和 Eric[27]在研究 1 300~1 500℃氩气氛下南非 Bushveld 铬矿($Cr/Fe=1.50$)被石墨碳还原的机理时添加了 7.5％的 SiO_2,并认为在 1 300℃时对铬矿的还原行为没有影响,而在 1 400℃ 和 1 500℃时,能够极大地促进铬矿的还原。而 Lekatou 的研究结果[67]也很相似,他研究了在 1 300℃和 1 400℃时 Ar 气下添加 SiO_2 对希腊铬矿还原的影响,SiO_2 的变化量从 0~20.36wt％,发现在 1 300℃时没有起作用。但在 1 400℃时能促进铬矿的熔融还原,并且存在一最佳的加入量。过多地加入 SiO_2 在 1 400℃成渣后稀释了还原剂(固体碳)与铬矿的接触,反而使铬矿的还原率降低。

Ding 和 Warner[38]研究了硅石熔剂在 1 240~1 410℃下 Ar-CO 气氛中对含碳铬矿小球还原的影响,其 SiO_2 含量变化从 7.5~25wt％,结果发现:在温度低于 1 302℃时,硅石添加量的变化对铬矿还原没有影响;而在 1 380℃以上,还原分为两个阶段,还原程度低于30％~40％时的初始阶段,硅石也不起什么作用。在后阶段,由于液相熔渣的形成,硅石含量越高,铬矿的还原速率越大,但没有出现Weber 等人研究得到的最佳添加量。

Katayama[49]在研究 1 550~1 650℃下粉碎的铬矿颗粒在 CaO-$MgO-Al_2O_3-SiO_2$ 渣系中被碳熔融还原时,发现还原主要发生在碳粒的表面,而渣中 SiO_2 含量高、MgO 含量低时铬矿的还原速率提高。

Nakasuga 等[59,66]研究了含碳硅铁浴中铬矿的熔融还原,证实在1 400~1 600℃氩气氛下添加 SiO_2、$CaO-SiO_2$、$Na_2B_4O_7$ 及 CaF_2 等溶剂都促进了铬矿的熔融还原(图 4-18),SiO_2 加入量越大,铬矿的还原速率越高(图 4-19)。且发现 $Na_2B_4O_7$ 对铬矿的还原促进作用最显著。

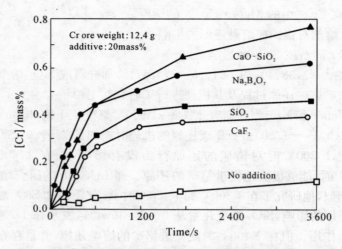

图 4-18 1 500℃ 下各种熔剂对 2%C 铁液中铬矿粉还原率的影响[59,66]

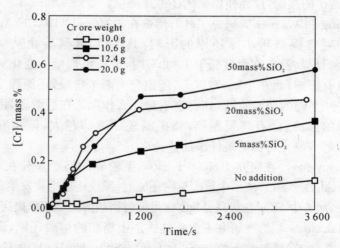

图 4-19 1 500℃ 下 SiO₂ 添加量对 2%C 铁液中铬矿粉还原的影响[59,66]

在研究了含熔剂铬铁矿球被金属熔体（Fe-4.5%C-1%Si、Fe-55%Cr-4%C-Si）中碳熔融还原情况时，Ding 和 Merchant 发现

SiO_2 添加量越多(最大 25%),铬矿小球的还原度也越大[60-61]。

综合来看,一般都可以认为石英砂或 SiO_2 添加量增加使铬铁矿的熔融还原速率加快。但 SiO_2 的添加能否对铬铁矿的还原起作用还跟温度以及添加量有很大的关系,一般情况下,温度高于 1 400℃左右添加 SiO_2 对铬铁矿熔融还原具有极大的促进作用。硅石熔剂对铬矿的还原起作用的机理,一种认为硅石等熔剂使一定量铬矿溶解在炉渣中,为铬离子向还原剂粒子的传输创造了有利条件;另一种机理认为加入熔剂促进了镁铝尖晶石阻碍层溶解于渣相之中,改善了还原剂的扩散途径,从而加快了还原过程[68]。在温度高于 1 270℃时观察到 SiO_2 中 Si^{4+} 由脉石相向铬铁矿颗粒迁移的现象[69],因此,可以认为 SiO_2 的添加有助于与铬铁矿中 Al_2O_3、MgO 等组分形成低熔点相,有助于它们向渣相溶解,从而破坏或延缓 Al_2O_3、MgO 反应阻碍层的形成和发展,加速铬铁矿颗粒的熔化和还原。

(2) CaO 的影响

在 $MgO - Al_2O_3 - SiO_2 - CaO$ 渣系中添加 CaO 可以大大促进镁铬尖晶石铬矿的溶解度。CaO 的影响往往用碱度 CaO/SiO_2 的变化来评价,Yokoyama 的研究[70]认为:在 CaO/SiO_2 比小于 1 时,随其比率的提高,铬矿的还原速率略有增加;CaO/SiO_2 大于 1 时,1 510℃下的还原速率基本保持恒定,而 1 630℃时的还原速率随 CaO/SiO_2 比的增加而增加,但大于 1 后继续增加反而使还原速率下降,如图 4 - 20。Murti 在 1 340℃下进行用石墨碳还原铬铁矿的研究中发现:添加 8% 的石灰时,铬铁矿的还原率可以大大提高[71]。

Nakasuga 等[66]研究含碳、硅铁浴中铬矿的熔融还原时,发现在 1 400~1 600℃氩气氛下同时添加 $CaO - SiO_2$ 能极大地促进铬矿的熔融还原(如图 4 - 18 所示)。

Ding[60-61,72]研究了 CaO 添加量变化对铬铁矿球被金属熔体(Fe - 4.5%C - 1%Si、Fe - 55%Cr - 4%C - Si)中碳熔融还原的作用。结果表明 CaO 添加量越多(最大 15%),铬矿小球的还原速率和还原度也越大,可见 CaO 的添加能有效地促进铬铁矿的熔融还原。

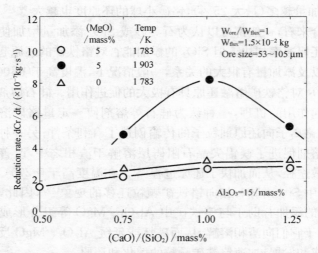

图 4 - 20　CaO/SiO₂ 对还原率的影响[70]

（3）MgO 和 Al₂O₃ 的影响

不论是铬铁矿的固态还原还是熔融还原，通常 MgO 和 Al₂O₃ 含量增加，铬铁矿的还原速率均呈现下降趋势[49,53,70,73]。

铬矿在 $CaO-MgO-Al_2O_3-SiO_2$ 渣系被铁液中的碳熔融还原时，还原速率随 MgO、Al₂O₃ 含量的增加而下降，尤其是 Al₂O₃ 含量的影响更甚[70]，见图 4 - 21。Morita 等[65]在 $MgO \cdot Cr_2O_3$ 铬矿中混入 Al₂O₃ 时，由于形成了 $MgO \cdot Cr_2O_3$ 和 $MgO \cdot Al_2O_3$ 固溶体，从而使 $MgO \cdot Cr_2O_3$，即 Cr₂O₃ 的活度下降，并且降低了该铬矿在渣中的溶解度，从而影响铬矿的熔融还原。

Katayama[49]在研究 1 550～1 650℃下粉碎的铬矿颗粒在$CaO-MgO-Al_2O_3-SiO_2$ 渣系中被碳熔融还原时，发现 MgO 含量低时铬矿的还原速率提高。

在铬铁矿熔化还原过程中观察到在尖晶石颗粒周围逐渐形成一层 $MgO \cdot Al_2O_3$ 尖晶石组成的薄膜，当渣中 MgO 和 Al₂O₃ 含量较高时，该薄膜层逐渐增厚并阻止铬铁矿颗粒的进一步熔化进入渣中从

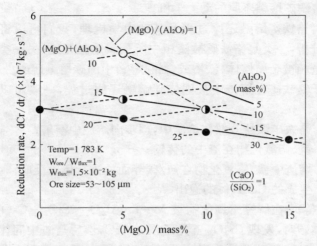

图 4 – 21　MgO and Al₂O₃ 对还原率的影响[70]

而阻碍其还原反应的进行,具体表现在其表观速率常数在(MgO+Al₂O₃)>45%时急剧下降,这就是添加 MgO、Al₂O₃ 对铬铁矿还原起阻碍作用的原因[74]。

(4)其他熔剂的影响

Katayama[75]证实过 KCl 和 NaCl 对低温下铬矿的还原有一定的促进作用。Nakasuga 等[66]在研究含碳、硅铁浴中铬矿的熔融还原时,证实在 1 400～1 600℃氩气氛下添加 Na₂B₄O₇ 及 CaF₂ 等溶剂能大大促进铬矿的熔融还原(见图 4 – 18),且发现 Na₂B₄O₇ 对铬矿的还原促进作用最显著。Pei 等[62]研究 CaF₂ 对铬铁矿的铁浴熔融还原时也有相同的结论。

Dawson[76]研究了 NaF 和 CaF₂ 的混合添加剂对铬矿还原的影响,结果表明它们对铬和铁还原速率的影响是大不相同的。它对铁的还原速度影响并不十分显著,但对铬还原速度的影响却非常明显。Dawson 认为该熔剂混合物对镁铬矿—尖晶石固溶体所组成的外层起到了溶解的作用,而正是该外层限制了镁铬矿的还原速率。

● 铬铁矿熔融还原的动力学机理

探讨铬铁矿熔融还原过程及其动力学机理，我们可以将它分为两类来分析，一类是铬铁矿被渣相中所配碳熔融还原；另一类是铬铁矿通过渣相被金属熔体（铁浴或含铬铁浴）中的碳熔融还原。

对于铬铁矿在熔渣中被固体碳熔融还原过程，一般可以分为几个步骤：

（1）铬铁矿颗粒分散在熔渣中，逐步向熔渣中溶解；

（2）铁、铬氧化物在渣中的传输；

（3）熔渣中铁、铬氧化物在渣/碳界面处进行还原反应；

（4）生成的 CO 气体的逸出。

Pei 等[77]在研究铬氧化物被 $MgO - Al_2O_3 - SiO_2 - CaO$ 四原渣系中固体碳时，发现 Cr_2O_3 首先还原为 CrO，然后与渣中固体碳反应还原出铬碳化物。并认为温度低于 1 525℃时，反应速率受化学反应控制，1 550℃时固体碳通过铬碳化物层的扩散为反应的限制环节，而温度高于 1 575℃以上时，熔渣中 CrO 向反应界面的质量传输为限制性环节。

Shimoo[35,57,58,78]系统地研究了高温下（1 500~1 700℃）合成铁铬尖晶石和镁铬尖晶石在各种熔渣中的碳素熔融还原动力学机理，得出的主要结论有：① $(Fe_xMg_{1-x})Cr_2O_4$ 的还原和 $(Fe_{0.5}Mg_{0.5})(Cr_{0.8}Al_{0.2})_2O_4$ 还原初期受控于铬矿向熔渣中的溶解；② $Mg(Cr_{0.6}Al_{0.4})_2O_4$ 的还原受铬氧化物在渣中传输和渣-碳界面上化学反应的联合控制。

Katayama 等[49]研究了不同温度下（1 550~1 650℃）不同熔渣（$MgO - Al_2O_3 - SiO_2 - CaO$）组成中铬铁矿的熔融还原行为，认为温度较低时，铬矿的还原速率是由铬铁矿在渣中的溶解、铬氧化物在渣中的质量传递和铬氧化物在渣/石墨碳界面上的化学反应联合控制。但在较高的温度下，其还原速率仅受铬矿在渣中的溶解限制。Duong 等[40]对澳大利亚铬铁矿在硅石熔剂中被煤粉熔融还原时也得出：还原后期铬铁矿的还原速率受铬矿在渣中的溶解所限制。

Fukagawa 与 Shimoda[53,79] 研究了铬烧结矿在 1 650℃液态渣（MgO - SiO₂ - CaO)中被固体碳熔融还原的机理时,发现还原速率不受铬矿在渣中溶解的限制,而是受铬矿的还原步骤所限制,但未能确定是铬氧化物在渣中的质量传递还是其化学反应为控制环节。Demir 等确定在 1 535～1 700℃的四元渣系中铬铁矿的熔融还原速率受铬氧化物从渣中向反应界面的传输控制[80]。

在 Soykan 的离子扩散模型基础上,为探讨添加硅石熔剂对 Bushveld 天然复合铬铁矿被石墨碳熔融还原的影响及其还原机理,Weber[27,81] 采用与 Soykan 相同的研究手段和处理方法进行了铬铁矿还原高温实验室研究。发现:在高温(1 400～1 500℃)下,由于硅酸盐渣相的形成,硅石熔剂明显地导致铬铁矿还原度的增加。据此,Weber 提出了铬铁矿被石墨和硅石熔剂还原的两阶段还原机理。第一阶段为铬铁矿固态还原,主要是铁的还原,而铬的还原极少。此阶段硅石熔剂对还原过程没有影响,还原过程的进行主要是由 Cr^{2+} 和 Mg^{2+} 离子的向内扩散以及 Fe^{2+} 离子的向外扩散导致的。首先,单元表面的所有 Fe^{3+} 还原为 Fe^{2+},随后立即被还原成金属铁;而 Cr^{3+} 阳离子被还原为 Cr^{2+}。Cr^{2+} 离子向内扩散将导致铬铁矿颗粒表面下的尖晶石单元的进一步还原,使 Fe^{3+} 不断还原为 Fe^{2+} 并向外扩散,最终还原成金属铁。结果是:铬铁矿颗粒可以认为是由两层组成,一个是内核区,仍保持铬铁矿的原始组成;另一个是缺铁的外核区。第一阶段一直持续到还原度大约 40% 的程度。此阶段的还原机理很好地吻合了 Soykan[26] 的铬铁矿离子扩散还原机理,这表明:对第一阶段而言,铬铁矿有和没有硅石熔剂时的还原机理是相同的。

第二阶段是铬铁矿通过熔渣的熔融还原,由于硅酸盐熔渣的形成使已部分还原的铬铁矿颗粒成团,因大部分的铁已经得到还原,故第二阶段主要是铬的还原。已部分还原的铬铁矿颗粒被硅酸盐熔渣包埋,使其不能直接与还原剂石墨接触。而是在尖晶石中可还原的 Cr^{2+} 和 Fe^{2+} 与渣中溶解的 Mg^{2+} 和 Al^{3+} 之间发生离子交换反应,导致可还原的阳离子溶入渣中。铬矿石在溶解过程中被还原为二价态铬氧化物,可还原的阳离子溶入渣中后,会向还原剂-熔渣的界面处扩散,最终被还原成金属铬。存在渣相的条件下,增大了离子相互扩散的驱动力。图 4－22 为嵌入硅酸盐熔渣中已部分还原铬铁矿颗粒中的 Cr^{3+}/Al^{3+} 离子交换反应示意图。

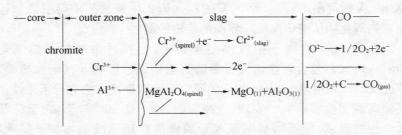

图 4－22　硅酸盐熔渣中已部分还原铬矿颗粒中的
Cr^{3+}/Al^{3+} 离子交换反应示意图

铬铁矿通过渣相被金属熔体中的碳熔融还原机理则更加复杂,金属熔体分为碳饱和铁水或 Fe－C－Si 熔体以及含铬铁水,此时,铬铁矿的熔融还原过程可以分为如下几个步骤:

(1) 铬铁矿颗粒在渣中的溶解;

(2) 铁、铬氧化物在渣/碳界面上发生反应,包括:

① 渣中铁、铬氧化物向渣/金界面的迁移;

② 铁浴中碳向渣/金界面的迁移;

③ 铁、铬氧化物在渣/金界面上与碳发生化学反应;

$$(Cr_2O_3) + CO \Longrightarrow 2(CrO) + CO_2$$

$$(CrO) + CO \Longrightarrow [Cr] + CO_2$$

$$[C] + CO_2 \Longrightarrow 2CO$$

④ 还原出来的铁、铬从渣/金界面向铁浴中的转移;

⑤ CO 气泡的形核逸出。

围绕着铁浴中铬铁矿的熔融还原机理,Pei 与 Wijk 在进行碳饱和纯铁液中铬铁矿的还原时认为渣中溶解的铬氧化物的质量传递是还原速率的控制环节[62-63]。而在 Fe - C - Si 熔体中，Ding 等人[61]得到的结论是：铬铁矿在 1 508～1 590℃通过 CaO - SiO₂ 渣系的还原，初期(还原率＜10％)，金属中氧的质量传递为反应的控制环节,后期则为 CrO 在渣相中的传输控制。

在含铬的铁水中,铬铁矿通过熔渣的熔融还原机理更复杂,对其还原动力学机理的解释也是多种多样。

Nakasuga 等人[83] 在研究 1 600℃下 Cr_2O_3 - CaO - SiO_2 - Al_2O_3 -CaF_2 中 Cr_2O_3 被在 Fe - Cr - C - Si 熔体熔融还原时,发现反应初期在渣/金界面上的化学反应为速率限制环节,后期则受控于 Cr_2O_3 在渣相中的传递速率。但 Suzuki 等人[83]早期对 Cr_2O_3 在同一熔体中的熔融还原研究结果则认为氧在渣相中的质量传递为反应的限制环节。

Tsomondo 和 Simbi 等人[38,84-86]比较系统地对铬铁矿通过 CaO - SiO_2、Cr_2O_3 - CaO - SiO_2 - Al_2O_3 - FeO、Cr_2O_3 - CaO - SiO_2 - Al_2O_3 -FeO - MgO 渣系被高碳铬铁水熔融还原的机理,采用的金属熔体含碳 6.9％、铬 64.78％。但是,他们对还原机理的解释却没能统一。文献[84]中认为金属熔体中碳向渣/金界面的扩散是反应的限制性环节。而文献[85-86]得到的结论则认为渣中 Cr_2O_3 向渣/金界面的质量传递为反应的控制步骤,Ding 等人[60]在 Fe - 55％Cr - 4％C - Si 熔体中进行含 SiO_2 熔剂铬矿小球的熔融还原也有相同的结论。目前,渣中铬铁矿通过中铬铁水中饱和碳熔融还原的动力学研究未见有文献报道。

4.4 小结

在本章中,首先探讨了铬氧化物和铬铁矿碳热还原的热力学条件。在 1 atm 下,Cr_2O_3、铁铬尖晶石、镁铬尖晶石碳热还原的温度分别为 1 425℃、1 258℃和 1 276℃。

在 $P_{CO} + P_{CO_2} = 1\ atm$ 时,分别计算了 1 420℃和 1 520℃铬氧化物及各种铬尖晶石被 CO 气体还原的平衡常数,即平衡时的 P_{CO_2}/P_{CO} 分压比,可知铬矿的还原需要很高的 CO 分压,其平衡常数比铁矿石的大得多,因此氧化铁与 CO 气体反应得较快,氧化铬的反应则要慢得多。而镁铬尖晶石被 CO 还原需要比铁铬尖晶石矿高得多得 CO 分压,它要比铁铬尖晶石还原所需 CO 的分压高 2~3 个数量级。

另外,作出了铬矿被 CO 还原反应的平衡分压比曲线与 Boudouard 反应的平衡分压比曲线,可知铁矿($FeFe_2O_4$)被 CO 还原的起始温度低于 700℃,CO 还原 $FeCr_2O_4$ 生成 Cr_2O_3 的温度约为 970℃,而 CO 还原 $MgCr_2O_4$ 生成 CrO 的温度则要高于 1 520℃。可见与铁铬尖晶石矿相比,镁铬尖晶石矿被 CO 还原不仅需要较高的 CO 分压,而且还需要较高的温度。

因此,从热力学的角度分析,铬铁矿在竖炉条件下用碳和 CO 还原完全是可行的。

本章还着重总结了文献中关于各种铬氧化物、铬铁矿固态还原过程及其还原的动力学机理、影响铬铁矿熔融还原的主要因素以及铬铁矿熔融还原的机理。天然铬铁矿的碳热固态还原过程分为三个阶段,具体为:从$(Mg, Fe)(Cr, Al, Fe)_2O_4$ 先还原为$(Mg, Fe)(Cr, Al)_2O_4$;接着还原成 $Mg(Cr, Al)_2O_4$;最后还原出金属铬和 $MgO + MgAl_2O_4$,第一阶段是在温度低于 1 100℃下进行的,中间阶段在 1 100~1 300℃温度范围,最后阶段则是在温度高于 1 300℃时发生的。

铬铁矿的熔融还原过程可以简单地认为是由两部分组成:首先是铬铁矿在熔渣中的溶解,进而是铬氧化物与熔渣中配碳或金属熔体中碳的还原反应。

从本章关于铬铁矿还原的文献综述来看,可以得到两点基本认识,其一,由于铬矿种类、成分的不同,颗粒粒度以及配碳量不同等原料条件的差异,铬铁矿还原的复杂性,加上实验条件如温度、熔剂、实验方法等影响因素的不同,致使长期以来人们对铬铁矿还原机理的解释也是多种多样,很难有公认一致的机理解释,故要具体问题具体分析。其二,这些文献研究的主要对象是矿热炉冶炼高碳铬铁合金以及转炉型熔融还原生产不锈钢母液,目的是为了揭示埋弧电炉中铬铁矿的还原机理,提高矿热炉生产铬铁合金时铬的收得率以及铬矿的还原速率,降低电耗以减少生产成本。研究转炉型熔融还原生产不锈钢母液时渣中铬氧化物的行为,以降低渣中氧化铬的含量,提高收得率,减少污染。

因此,对于竖炉型熔融还原冶炼不锈钢母液这条全新工艺来说,铬铁矿在竖炉条件下的固态还原、熔融滴下、熔渣与焦炭之间熔态还原行为及其通过炉渣被中铬铁水中的溶解碳熔融还原的过程及机理至今还未有比较全面的研究和探讨,还存在许多知识空白点和疑问。

参考文献

[1] A. Lekatou, R. D. Walker. Solid State Reduction of Chromite Concentrate: Melting of Prereduced Chromite. Ironmaking and Steelmaking, 1995,22(5): 378 - 392.

[2] Mitsutaka Hino, Ken-Ichi Higuchi, Tetsuya Nagasaka, et al. Thermodynamic Estimation on the Reduction Behavior of Iron-Chromium Ore with Carbon. Metallurgical and Materials Transactions B, 29B(2): 351 - 360.

[3] 张友平,李正邦,薛正良. 生产不锈钢母液的铬矿粉利用技术. 特殊钢,2003,24(1): 29 - 32.

[4] 刘寿昌,古向荣. 高炉锰铁还原热力学探讨. 铁合金,1999(6): 14 - 20.

[5] A. H. 葆黑维斯涅夫,B. C. 阿勃拉莫夫,等. 高炉冶炼(中册). 李思再,杜鹤桂,译,北京:高等教育出版社,1959:57.

[6] 吴宦善. 国外高炉锰铁冶炼技术的发展. 铁合金,No. 2, 1992 (2): 32 - 37,46.

[7]　管财堂,蒋海冰. 高炉冶炼锰铁. 江西冶金,1997,17（5）：
12 –14.

[8]　孔德彪. 我国高炉锰铁技术的发展. 钢铁设计,1990（3）：
26 –31.

[9]　黄希祜. 钢铁冶金原理. 北京：冶金工业出版社,2002.

[10]　E. T. Turkdogan. Physical Chemistry of High Temperature
Technology. London：Academic Press,1980.

[11]　Yanping Xiao, Lauri Holappa. Kinetic Modelling on Solid
State Reduction of Chromite Pellet with CO. INFACON 8,
135 – 140.

[12]　Marko Kekkonen, Yanping Xiao, Lauri Holappa. Kinetics
Study on Solid State Reduction of Chromite Pellets.
INFACON 7, Norway, 1995：351 – 360.

[13]　Marko Kekkonen, Ari Syynimaa, Lauri Holappa, et al.
Kinetic Study on Solid Reduction of Chromite Pellets and
Lumpy Ores. INFACON 8,141 – 146（铬铁矿球团和块矿的固
态还原动力学研究. 第八届国际铁合金大会文献,167 – 175）.

[14]　Katayama Hiroshi G. Reduction of Chromite with Carbon in
Various Atmospheres and with Flowing CO Gas. Tetsu-To-
Hagane, 1977, 63（2）：207 – 216.

[15]　Hiroshi G. Katayama, Masanori Tokuda. Rate-determining
Process in Carbothermic Reduction of Chromites. Tetsu-To-
Hagane, 1985, 71（9）：1094 – 1101.

[16]　Rankin William John. Composition and Structure of
Chromite during Reduction with Carbon. Archi Fuer Das
Eisenhuettenwesen, 1979, 50（9）：373 – 378.

[17]　Katayama Hiroshi G. Mechanism of Reduction of Chromic
Oxide by Carbon, Journal of the Japan Institute of Metals.
1976,40（10）：993 – 999.

[18] Maru Yoichi, Kuramasu Yukio, Awakura Yasuhiro, et al. Kinetic Studies of the Reduction between $Cr_{23}C_6$ Particles and Cr_2O_3 Particles. Metallurgical Transactions, 1973, 4 (11): 2591 - 2598.

[19] Katayama Hiroshi G, Tokuda Masanori. The Reduction Behavior of Synthetic Chromites by Carbon. Tetsu-To-Hagane, 1979, 65(3): 331 - 340.

[20] Sundar Murti N. S ., Seshadri V.. Kinetics of Reduction of Synthetic Chromite with Carbon. Trans ISIJ, 1982, 22(12): 925 - 933.

[21] Chinje U. F. , Jeffes J. H. E.. Evidence of Formation of Liquid Phase during Gaseous Reduction of $Fe_2O_3 + Cr_2O_3$ Solid Solutions at Low Oxygen Potentials and relatively Low Temperatures. Ironmaking and Steelmaking, 1986, 13(1): 3 -8.

[22] Katayama Hiroshi G. Reduction of Picrochromite ($MgCr_2O_4$) with Carbon. Nippon Kinzoku Gakkaishi/Journal of the Japan Institute of Metals, 1977, 41(5): 427 - 431.

[23] Katayama Hiroshi G, Tokuda Masanori. Reduction Behavior of Synthetic Chromites by Carbon. Transactions of the Iron and Steel Institute of Japan, 1980, 20(3): 154 - 162.

[24] Katayama Hiroshi G, Tokuda Masanori. The Reduction Behavior of Chromites by Carbon. Tetsu-To-Hagane, 1974, 60(9): 1289 - 1298.

[25] Katayama Hiroshi G, Tokuda Masanori, Ohtani Masayasu. Compositional and Structural Changes in Chromite during Reduction with Carbon. Tetsu-To-Hagane, 1984, 70(11): 1559 - 1566.

[26] O. Soykan, R. H. Eric, R. P. King. The Reduction

Mechanism of a Natural Chromite at 1,416℃. Metallurgical Transactions B, 1991, 22B(2): 53 – 63.

[27] P. Weber, R. H. Eric. The Reduction Mechanism of Chromite in the Presence of a Silica Flux. Metallurgical Transactions B, 1993, 24B(6): 987 – 995.

[28] A. Lekatou, R. D. Walker. Mechanism of Solid State Reduction of Chromite Concentrate. Ironmaking and Steelmaking, 1995, 22(5): 393 – 404.

[29] M. J. Niayesh. 铬铁矿固态还原. 铁合金, 1994(3): 49 –55.

[30] Katayama Hiroshi G, Tokuda Masanori. Effect of Atmospheric Gases on the Reduction of Chromium Ore Pellet Containing Carbonaceous Material. Tetsu-To-Hagane, 1985, 71(14): 1607 – 1614.

[31] S. H. Algie. W. J. Rankin, C. W. Finn. Some Aspects of the Kinetics of Reduction of Chromite with Carbon. Transactions ISIJ, 1984,24: 141 – 142.

[32] Barzca N. A., Jochens P. R., Howat D. D.. The Mechanism and Kinetics of Reduction of Transvaal Chromite Ores. Electric Furnace Proceedings, 1971, 29: 88 – 93.

[33] H. G. Vazarlis, A. Lekatou. Pelletising-sintering, Prereduction, and Smelting of Greek Chromite Ores and Concentrates. Ironmaking and Steelmaking, 1993, 20(1): 42 –53.

[34] Shimoo Toshio, Mizutaki Fusago, Ando Shigeru, et al. Reduction of $Fe_2O_3 - Cr_2O_3$ Mixtures with Solid Carbon and Molten States. Journal of the Japan Institute of Metals, 1988, 52(7): 654 – 662.

[35] Toshio Shimoo, Yoshihiro Konishi. Carbothermic Reduction of $(Fe_{0.5}Mg_{0.5})(Cr_{0.8}Al_{0.2})_2O_4$ and $Mg(Cr_{0.6}Al_{0.4})_2O_4$ at High Temperatures. J. Japan Inst. Metals, 1991, 55(6):

667 – 674.

[36] Toshio Shimoo, Tatsuyuki Okamoto, Kimura Hiroshi. Carbothermic Reduction of $FeCr_2O_4$ and $MgCr_2O_4$ at High Temperatures. J. Japan Inst. Metals, 1989, 53(1): 71 – 80.

[37] 徐荣军, 倪瑞明, 张圣弼, 等. 含碳铬矿球团还原动力学的研究. 钢铁研究学报, 1995, 7(5): 1 – 6.

[38] Y. L. Ding, N. A. Warner. Reduction of Carbon-Chromite Composite Pellets with Silica Flux. Ironmaking and Steelmaking, 1997, 24(4): 283 – 287.

[39] Barnes, A. R., Finn, C. W. P., Algie, S. H.. Prereduction and Smelting of Chromite Concentrate of Low Chromium-to-Iron Ratio. Journal of The South African Institute of Mining and Metallurgy, 1983, 83(3): 49 – 54.

[40] H. V. Duong, R. F. Johnston. Kinetics of Solid State Silica Fluxed Reduction of Chromite with Coal. Ironmaking and Steelmaking, 2000, 27(3): 202 – 206.

[41] Toshio Shimoo. Carbothermic Reduction of Synthetic Complex Chromite $(Fe_xMg_{1-x})Cr_2O_4$ at High Temperatures. J. Japan Inst. Metals, 1990, 54(8): 911 – 918.

[42] Y. L. Ding, N. A. Warner. Kinetics and Mechanism of Reduction of Carbon-Chromite Composite Pellets. Ironmaking and Steelmaking, 1997, 24(3): 224 – 229.

[43] Rankin W. J.. Reduction of Chromite by Graphite and Carbon Monoxide. Transactions of the Institution of Mining & Metallurgy, Section C, 1979, 88(6): 107 – 113.

[44] 袁章福, 任大宁, 万天骥, 等. 碳还原氧化铬的固-固反应. 化工冶金, 1991, 12(3): 193 – 199.

[45] S. H. Algie, C. W. Finn. Reaction Mechnism in the Reduction of Winterveld Chromite Spinel with Graphite and

Carbon. Report M157，MINTEK，1984.

[46] K. P. D. Perry, C. W. P. Finn, R. P. King. Ionic Diffusion Mechanism of Chromite Reduction. Metallurgical Transactions B, 1988, 19(4): 677 – 684.

[47] O. Soykan, R. H. Eric, R. P. King. Kinetics of the Reduction of Bushveld Complex Chromite Ore at 1,416℃. Metallurgical Transactions B, 1991, 22B(12): 801 – 810.

[48] Y. L. Ding, N. A. Warner, A. J. Merchant. Reduction of Chromite by Graphite with CaO – SiO₂ Fluxes. Scand. J. Metallurgy, 1997, 26: 55 – 63.

[49] Hiroshi G. Katayama, Masayuki Satoh, Masanori Tokuda. Dissolution and Reduction Behaviors of Chromite Ore in Molten Slag. Tetsu-To-Hagane, 1989,75(10): 1883 – 1890.

[50] 徐建伦,郭曙强,蒋国昌,等. 含碳铬团块熔融还原的实验室研究. 上海金属,1995, 17(4): 31 – 37.

[51] 张丽娟,邹宗树,刘爱华,等. 铬矿熔融还原动力学. 东北大学学报：自然科学版,1996, 17(3): 252 – 255.

[52] 肖泽强,肖艳萍. 碳饱和铁浴内渣中氧化铬熔融还原的动力学研究. 化工冶金,1989, 10(1): 75 – 81.

[53] Shin Fukagawa, Teruhisa Shimoda. Smelting Reduction mechanism of Chromium Ore Sinter by Solid Carbon. Transactions ISIJ, 1987, 27: 609 – 617.

[54] N. Kikuchi, Y. Kishimoto, Y. Nabeshima, et al. Development of High Efficient Stainless Steelmaking Process by the Use of Chromium Ore Smelting Reduction Method. The 8th Japan-China Symposium on Science and Technology of Iron and Steel(Chiba), 12th – 13th, 1998(11): 96 –103.

[55] Chikashi Tada, Keizo Taoka, Sumio Yamada, Hiroshi Nomura, Masayuki Ohnishi. Development of Stainless

Steelmaking Process with Smelting Reduction of Chromium Ore Using Two Combined Blowing Converters. 1991 Steelmaking Conference Proceedings, 785 - 791.

[56] Hajime Suzuki, Chikashi Tada, Haruhiko Ishizuka, Hiroshi Nishikawa, Ryuichi Asaho, Masaaki Kuga, Yoshiaki Hara. Production of Stainless by Combined Decarburization Process. 1992 Steelmaking Conference Proceedings, 199 -204.

[57] Toshio Shimoo, Yoshihiro Konishi. Mechanism of Smelting Reduction of Spinel Solid Solution $Mg(Cr_{0.6}Al_{0.4})_2O_4$. J. Japan Inst. Metals, 1993, 57(2): 147 - 153.

[58] Toshio Shimoo, Yoshihiro Konishi, Kinetics of Smelting Reduction of Synthetic Chromite $(Fe_{0.5}Mg_{0.5})(Cr_{0.8}Al_{0.2})_2O_4$. J. Japan Inst. Metals, 1992, 56(3): 285 - 293.

[59] Takamitsu Nakasuga, Haiping Sun, Kunihiko Nakashima, Katsumi Mori. Reduction Rate of Chromite Ore by Fe - C - Si Melts. The 2th International Conference on Processing Materials for Properties, 2000, 553 - 558.

[60] Y. L. Ding, A. J. Merchant. Kinetics and Mechanism of Smelting Reduction of Fluxed Chromite. Part 1 Carbom-chromite-flux Composite Pellets in Fe - Cr - C - Si Melts. Ironmaking and Steelmaking, 1999, 26(4): 247 -253.

[61] Y. L. Ding, A. J. Merchant. Kinetics and Mechanism of Smelting Reduction of Fluxed Chromite. Part 2 Chromite-flux Pellets in Fe - C - Si Melts. Ironmaking and Steelmaking, 1999, 26(4): 254 - 261.

[62] Wenguo Pei, Olle Wijk. A Kinetic Study on Chromite Ore Smelting Reduction. Scand. J. Metallurgy, 1993, 22: 38 -44.

[63] Wenguo Pei, Olle Wijk. Chromite Ore Smelting Reduction by a Carbon Saturated Iron Melt. Scand. J. Metallurgy, 1994, 23: 216 – 223.

[64] Kazuki Morita, Tomoki Shbuya, Nobuo Sano. The Solubility of the Chromite in MgO – Al_2O_3 – SiO_2 – CaO Melts at 1,600℃ in Air. Tetsu-To-Hagane, 1988, 74(4): 632 – 639.

[65] Kazuki Morita, Akihiko Inoue, Naoki Takayama, Nobuo Sano. The Solubility of MgO · Cr_2O_3 in MgO – Al_2O_3 –SiO_2 – CaO Slag at 1,600℃ under Reducing Conditions. Tetsu-To-Hagane, 1988, 74(6): 999 – 1005.

[66] Takamitsu Nakasuga, Haiping Sun, Kunihiko Nakashima, Katsumi Mori. Rate of Reduction of Chromium Ore by Liquid Iron Containing Carbon and Silicon. Tetsu-To-Hagane, 2000, 86(8): 499 – 506.

[67] A. Lekatou, R. D. Walker. Effect of SiO_2 addition on Solid State reduction of chromite concentrate. Ironmaking and Steelmaking, 1997, 24(2): 133 – 143.

[68] 戴维, 舒莉. 铁合金冶金工程. 冶金工业出版社, 1999, 5.

[69] Lauri Holappa, Marko Kekkonen, Yanping Xiao. Physicochemical aspects of FeCr production. Proceedings of the Engineering Foundation Conference, 1999, 231 – 242.

[70] Seiji Yokoyama, Mitsumasa Takeda, Hiroshi Oogusu, Koin Ito, Masahio Kawakami. Effect of Flux Composition on Smelting Reduction of Chromite Ore. Tetsu-To-Hagane, 1992, 78(2): 215 – 222.

[71] Sundar Murti N. S. , Shah, K. , Gadgeel, V. L. , Seshadri V.. Effect of Lime Addition on Rate of Reduction of Chromite by Graphite. Transactions of the Institution of

Mining & Metallurgy. Section C, 1983, 92(9): 172-174.

[72] Ding, Y. L., Warner, N. A.. Catalytic reduction of carbon-chromite composite pellets by lime. Thermochimica Acta, 1997, 292(1-2): 85.

[73] A. Jansson, V. Brabie, E. Fabo, S. Jansson. On the Slag Formation and its Role in the Ferrochromium Production. The 6th International Conference on 《Molten Slags, Fluxes and Salts》, Stockholm, Sweden-Helsinki, Finland 12th-17th, June, 2000 (同见 A. Jansson, V. Brabie, Slag Formation and its Role in the Ferrochromium Production, Scandinavian J. of Metallurgy, 2002, 31 (5): 314-320).

[74] 袁章福. 转炉内铬矿的熔融还原及热力学讨论. 铁合金,1989 (4): 10-17.

[75] Katayama Hiroshi G, Tokuda M, Ohtani M. Tetsu-To-Hagane, 1986, 72: 1513-1520.

[76] N. F. Dawson, R. I. Edwards. 影响铬铁矿还原速率的因素. INFACON 4, 1986, Brazil. 第四届国际铁合金会议文集,冶金工业部《铁合金》编辑部印,1987 年, 51-57.

[77] Wenguo Pei, Olle Wijk. Mechanism of Reduction of Chromium Oxide Dissoved in the CaO-SiO$_2$-MgO-Al$_2$O$_3$ Slag by Solid Carbon. Scand. J. Metallurgy, 1993, 22: 30-37.

[78] Toshio Shimoo. Mechanism of Smelting Reduction of Complex (Fe$_x$Mg$_{1-x}$)Cr$_2$O$_4$. J. Japan Inst. Metals, 1991, 55 (1): 50-57.

[79] 深川信. 铬烧结矿用固体碳熔融还原的机理. 铁合金,1989 (1): 46-54.

[80] O. Demir, R. H. Eric. Kinetics of Chromite Dissolution in Liquid Slags. INFACON 7, Norway, 1995, 339-350.

[81] P. Weber，R. H. Eric. 布什维尔德复合矿第六矿层铬铁矿的固态熔剂还原，铁合金，1993(1)：4753.

[82] Takamitsu Nakasuga, Haiping Sun, Kunihiko Nakashima, Katsumi Mori. Rate of Reduction of Cr_2O_3 in Slag by Liquid Iron Containing Carbon. The 6th International Conference on 《Molten Slags, Fluxes and Salts》, Stockholm, Sweden-Helsinki, Finland 12th – 17th, June, 2000.

[83] K. Suzuki, K. Mori. Rate of Reduction of Cr_2O_3 by Carbon Dissolved in Liquid Fe – Cr Alloys. Trans ISIJ, 1980, 20(9)：607 – 613.

[84] B. M. C. Tsomondo, D. J. Simbi, A. Lesko. Kinetic Investigation of Chromite Reduction in a High-Carbon Ferrochromium Alloy Bath. INFACON 7, Norway, 1995, 361 – 369.

[85] M. B. C. Tsomondo, D. J. Simbi. Kinetics of chromite ore reduction from $MgO - CaO - SiO_2 - FeO - Cr_2O_3 - Al_2O_3$ slag system by carbon dissolved in high carbon ferrochromium alloy bath. Ironmaking and Steelmaking, 2002, 29（1）：22 –28.

[86] B. M. C. Tsomondo, D. J Simbi, E. Navara. Isothermal Reduction of Chromite Fines by Carbon Saturated Chromium Melt. Ironmaking and Steelmaking, 1997, 24(5)：386 – 391.

第五章 工艺准备实验研究

竖炉型反应器冶炼不锈钢母液新工艺技术是否可行必须具有两个前提条件:一是竖炉型反应器冶炼不锈钢母液时的含铬炉料下料顺利、炉况稳定顺行;二是渣铁能够顺利排放。在竖炉冶炼普通炼钢生铁时,已经可以通过实验室内的研究手段,对既定炉料结构的冶金性能进行研究,根据研究结果预测该炉料结构在竖炉型反应器冶炼时的行为表现,为竖炉型反应器实际冶炼提供准确的操作依据。因此,对于竖炉型反应器冶炼不锈钢母液时,同样有必要在工业试验前进行类似的研究工作。本章对竖炉型反应器冶炼不锈钢母液时炉况稳定顺行和渣铁顺利排放具有重要影响的冶金性能指标进行了实验研究,主要内容有三个方面:含铬炉料结构的熔融滴下性能、含铬炉料冶炼时的炉渣结构及其粘度、不锈钢母液的凝固点及其流动性。根据实验研究结果对竖炉型反应器冶炼不锈钢母液的炉况作出了预测。

5.1 炉料结构的熔融滴下性能测定

5.1.1 实验目的

根据高炉解剖研究结果[1],发现在高炉炉内存在一个软熔带,它的形成原因是含铁炉料从开始软化到完全融化形成液滴滴落这一变化过程在炉内形成的下降轨迹。可以用三个参数来描述软熔带的基本特征,即形状(W 型、V 型和倒 V 型)、位置(高、低)和厚度(厚、薄),在其他冶炼条件不变的情况下,软熔带的位置和厚度主要与炉料结构的熔融滴下性能有关,位置较低厚度较薄的软熔带有利于高炉顺行。炉料的熔融滴下性能是衡量其结构好坏和矿石冶金性能的一个重要指标。熔滴性能好的炉料,开始软化温度高,软化区间窄,软熔带上煤气分布合理,则有利于高炉冶炼;熔滴性能不好的炉料,会使高炉料柱软熔带加厚,恶化高炉料柱的透气性,破坏煤气流的合理分布。因此,竖炉型反应器冶炼不锈钢母液应该选择合理的含铬炉料结构,合理与否就要根据含铬炉料的熔融滴下性能的研究结果进行确定。

5.1.2 实验方法与实验装置

尽管高炉炼铁炉料的熔融滴下性能实验在确定合理炉料结构方面应用较为广泛[2-3],但是,目前国内尚未制订统一标准的测定方法。

本实验采用国内通常的测定方法进行,实验时将粉碎至 $6.3\sim10$ mm 的矿石和原料按比例称取 200 克,按次序装入内径为 48 mm 的石墨坩埚中。试样上下分别装入高度为 20 mm 和 25 mm 的炼铁焦炭,焦炭的工业分析成分为:灰分 13.08%,挥发分 1.28%,硫 0.52%,其余为固体碳。试样上加载 1 kg/cm² 荷重,坩埚底部开有五个 ϕ8 mm 的小孔,以便熔融的炉料滴下。图 5-1 为实验装置。

从塔曼炉底部通入还原性保护气体,还原性气体的成分为 $CO/N_2 = 30/70$,流量 9 L/min。CO 气体是由煤气发生炉制取的,空气压缩机将空气鼓入煤气发生炉,炉内装有焦炭,炉温控制在 1 160℃。空气中的氧与碳反应生成 CO,反应产生的气体经过过滤溶液后脱除残余的氧气、CO_2 和水分,然后与瓶装 N_2 气配制成需要比率

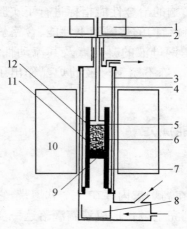

1—荷重块;2—热电偶;3—氧化铝管;
4—石墨棒;5—石墨盘;6—石墨坩埚,
ϕ48 mm;7—石墨架;8—试样盒;9—孔,
ϕ8 mm×5;10—塔曼炉;11—焦炭;
12—试样

图 5-1 实验装置示意图

的混合气体。CO 与 N₂ 气是采用动态混合法混合的,两者分别通过流量计准确测出各自的流量,然后再汇合流在一起的,两气体的流量比就是混合后的分压比。

实验测定时各温度段按规定的速度或时间升温或保温。升温速度为:900℃以下 10℃/分;900～1 300℃之间为 5℃/分;大于 1 300℃后为 3℃/分。炉温达到 900℃时需保温 30 分钟。实验测定时的升温曲线见图 5-2。

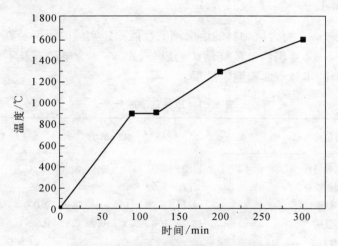

图 5-2　矿石熔融滴下实验的升温曲线

以位移传感器测定料面下降毫米数据,以压差变送器测定通过料柱的压差。料面最终下降毫米数为收缩率 100%,收缩率分别达到 10% 和 50% 时试样的温度,分别作为软化开始温度和软化终了温度,软化区间则为其差值大小,试样的滴下温度是以压差开始上升至 0.1 kPa时的试样温度。

在不锈钢母液炉料熔融滴下性能测定进行之前,先采用半球点法对单矿及含铬炉料的熔点进行测定,为熔滴性能的测定提供参考数据。半球点测定是采用投影法,测定在 GXA 型熔点仪上进行。实验中,将铬铁矿、铁矿及石灰熔剂放在玛瑙研钵中磨细并混匀,然后

制成 $\phi 2\ mm \times 3\ mm$ 的小圆柱试样,经烘箱中烘干后,置于垫片上,送入加热炉内,控制炉子的升温速度,同时观测试样的熔化状态,当试样高度降低到原高度的一半时,此时影像中呈现出半球状,相应的温度定为该试样的熔点。为了保证实验数据的可靠性,一般对每个给定组成的试样重复做两次,取其平均值为该试样的熔点。半球点实验是在空气下进行的,即在氧化气氛下进行。

5.1.3　实验结果及分析

表 5-1 为含铬炉料的熔融滴下性能测定实验的原料及其化学成分,表 5-2 是国内某厂烧结矿的成分,表 5-3 为单矿石及不锈钢母液炉料的半球点实验测定结果。

表 5-1　原料化学成分/%

原料名称	Cr₂O₃	TFe	FeO	SiO₂	Al₂O₃	CaO	MgO	P	S	Cr/Fe
澳大利亚铬矿	37.36	13.52		13.36	10.21		14.06	0.006	0.011	1.89
澳大利亚铁矿		65.06		2.76	1.62	0.05		0.05	0.09	
南非铁矿		65.48		4.17	1.20	0.04	0.02	0.05	0.006	
海南铁矿		56.25	1.25	16.25	0.8	0.5	0.28	0.02	0.25	
石灰石					≥98				H₂O=1.2	

表 5-2　国内某厂烧结矿成分/%

取样日期	编　号	SiO₂	Al₂O₃	CaO	MgO	TFe	FeO	S
2000.3.15	1-1	6.21	2.10	10.33	2.90	55.29	9.97	0.025
	1-2	5.72	2.10	10.03	2.34	56.68	7.36	0.024
	1-3	5.38	2.20	9.46	2.07	56.93	6.47	0.024
2000.3.28	2-1	5.65	1.78	10.24	2.80	56.69	10.33	0.045
	2-2	5.29	2.32	9.50	1.81	57.04	8.44	0.022

取样日期	编　号	SiO$_2$	Al$_2$O$_3$	CaO	MgO	TFe	FeO	S
2000.5.31	3-1	5.34	2.13	9.18	2.20	59.92	8.44	/
	3-2	5.45	2.09	10.25	2.17	56.95	9.97	/
	3-3	5.37	1.99	9.85	2.10	57.44	10.42	/

表 5-3　单一矿和混合炉料半球点实验数据

编　号	澳铬矿/%	海南矿/%	南非矿/%	石灰/%	温度/℃
1#	/	100	/	/	>1 440
2#	/	/	100	/	>1 440
3#	100	/	/	/	未做
4#	30	60	/	10	>1 440
5#	50	50	/	/	>1 460
6#	10	15	60	15	1 280
7#	32	48	/	20	1 360
8#	20	40	40	/	>1 460
9#	40	60	/	/	>1 490
10#	42	42	/	16	>1 450

　　由于受到实验装置最高温度的限制,只有 6# 和 7# 含铬炉料的半球点温度的测定得到了准确结果,其他单矿或炉料的熔点均因超高而终止了加热。但仍能从结果中得出:单矿石或含铬炉料在氧化性气氛下熔化温度较高;添加石灰石后矿石的熔点能降低。

　　各种单矿及含铬炉料熔融滴下性能测定的结果分别如表 5-4 和图 5-3、图 5-4 所示。

表 5－4 各种单矿及含铬炉料的熔滴性能

编号	矿石比例/%					熔滴性能/℃			
	海南	澳铬	南非	生石灰	烧结	软化开始	软化终了	软化区间	滴下温度
1	50	50①				1 283	1 538	247	＞1 550②
2	60	30		10		1 180	1 443	263	1 488
3	16	10.5	63	10.5		1 169	1 388	219	1 529
4	54.5	36.4		9.1		1 176	1 480	304	1 523
5					100	1 218	1 385	167	1 482
6					100	1 169	1 389	208	1 482
7					100	1 192	1 391	199	1 477
8	100					1 121	1 234	113	1 287
9		100③				1 084	1 472	388	1 494

注释：① 层装，海南矿在上，铬矿在下，其余混装；
② 没有滴下；
③ 其中掺混了一定的澳铁矿，掺混比例未知，但生产上两种矿等同使用；
④ 1♯试样相当于冶炼含[Cr]=25.4%的炉料
　 2♯试样相当于冶炼含[Cr]=16.2%的炉料
　 3♯试样相当于冶炼含[Cr]=4.9%的炉料
　 4♯试样相当于冶炼含[Cr]=19.8%的炉料。

由熔滴实验结果可以明显地看出：

1. 冶炼不锈钢母液炉料的软化开始温度虽与烧结矿比较接近，但随着铬矿量的增多，软化终了温度逐渐升高，滴下温度升高，说明炉料中铬铁矿含量对熔融滴下性能有着较大的影响。如 1♯与 2♯相比，软化开始温度高出 103℃，而滴下温度至少要大于 60℃。4♯与 2♯相比，它们的软化开始温度差不多，但滴下温度 4♯比 2♯高出 35℃。

2. 烧结矿的平均滴下温度为 1 480℃，含铬炉料除 2♯外，其余滴下温度比烧结矿的滴下温度至少高 40℃左右，比海南铁矿和南非铁

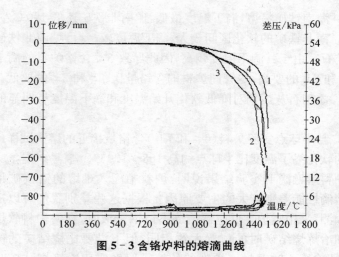

图 5－3 含铬炉料的熔滴曲线

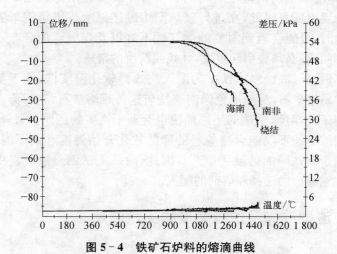

图 5－4 铁矿石炉料的熔滴曲线

矿分别约高 240℃和 30℃左右。含铬炉料的软化开始温度与烧结矿的差不多,但它们的软化终了温度比烧结矿的平均高 75℃左右,使含铬炉料的软化区间加大很多。

3. 海南铁矿易熔,滴下温度最低,比南非铁矿还低 190℃左右。

4. 南非铁矿的软化区间较大,滴下温度较高,可见南非铁矿属于难熔矿石。由于其滴下温度较高,因此导致 3♯含铬炉料的滴下温度比 1♯和 2♯的要高,尽管此炉料的含铬量比 1♯和 2♯的要低。

5. 添加石灰熔剂对降低软化开始温度和滴下温度有明显的促进作用。

6. 与半球点实验炉料(6♯和 7♯)含铬量接近的熔滴试样(3♯和 4♯)的软化终了温度比半球点约高 108～120℃。

炉料熔融滴下实验结果说明:炉料中配入难熔的铬铁矿是引起上述熔滴性能差别较大的主要原因。根据这些差别我们可以进行大胆地预测:采用竖炉型反应器冶炼不锈钢母液时,含铬炉料软熔带的上沿和冶炼烧结矿时的位置大致相同,但下沿要比烧结矿的位置低得多,即冶炼不锈钢母液炉料的软熔带厚度要比冶炼烧结矿时要厚而且位置更低。因此,在进行竖炉型熔融还原冶炼不锈钢母液的工业试验时,可能会遇到料柱的透气性不好以及煤气流的分布不合理等实际问题,必须要引起重视,并找到解决的措施。

不锈钢母液炉料中铁矿的配入应选择软化温度低,滴下温度也较低的易熔矿石,尽量避免像南非铁矿这种难熔矿石,这样有利于减小软熔带的厚度,铁矿的还原加快也有利于铬矿的还原。另外,石灰等熔剂的添加不仅能含铬炉料的降低软化开始温度和滴下温度,而且有利于铬铁矿的熔融还原[4-6],因此,冶炼不锈钢母液炉料中还要特别注意渣型的选择和熔剂的配入。

5.2 渣型选择及炉渣粘度的实验测定

5.2.1 实验目的

适宜的炉渣渣型是保证竖炉稳定、顺性和生产出合格不锈钢母液的前提。造渣制度是竖炉四大基本冶炼制度之一,所谓造渣制度,通常就是根据竖炉的原料和冶炼的生铁品种等条件,选择一个具有良好的流动性、适宜的粘度和较高的脱硫能力等性能的终渣成分[7]。由于铬矿自然渣中 MgO 和 Al_2O_3 含量很高,熔点也高且流动性差。因此必须研究一种既保证冶炼需要又能使渣量最少的炉渣渣型。

5.2.2　渣型选择

采用竖炉型熔融还原方法冶炼不锈钢母液时渣量大、自然渣成分不合理。原因有两个方面,一是铬铁矿品位低,铬矿中 Cr_2O_3 含量最高的在 50%～57% 范围,低的只有 33% 左右,这样势必造成大量的炉渣。二是铬矿冶炼时形成的自然渣成分不合理,含 MgO 和 Al_2O_3 高,导致自然渣的熔点高达 1 780～1 900℃,如表 5 – 5 所示。

表 5 – 5　不同铬矿的自然渣成分和熔点[8]

成分/%	印度铬矿	苏联铬矿	新疆铬矿	阿精矿：藏矿 1：2	马矿：藏矿 1：1
MgO	44	59	36	55	46
Al_2O_3	39	25	49	24	27
SiO_2	17	16	15	21	27
熔点/℃	1 850	1 900	1 850	1 900	1 780

由表 5 – 5 中自然渣成分数据,对照 MgO – Al_2O_3 – SiO_2 相图[9]可以看出,自然渣的成分大多数处于镁橄榄石和尖晶石区域,为了降低炉渣温度,改善炉渣的冶金性能就必然要配加适量的 SiO_2 和 CaO,这又进一步增加了渣量。因此,在冶炼不锈钢母液时,为了减少渣量,首先必须选择好铬铁矿和铁矿,使铬铁矿和铁矿搭配合理,形成的自然渣成分比较适当,尽量减少熔剂的加入量,从而达到减少渣量的目的。选择铬铁矿时要考虑 TCr + TFe、MgO/Al_2O_3、Al_2O_3/SiO_2、$MgO/(Al_2O_3 + SiO_2)$ 等指标。在选择铁矿时要考虑矿中有较高的 SiO_2 含量,改善自然渣的成分。

综合铬铁矿和铁矿的条件,冶炼不锈钢母液时,可以根据 MgO - Al_2O_3 - SiO_2 - CaO 四元炉渣相图[9],将炉渣成分控制在以下范围内:Al_2O_3 15%～20%、MgO 10%～15%、CaO/SiO_2＝0.9～1.0、(CaO＋MgO)/(Al_2O_3＋SiO_2)＝0.9～1.0,炉渣理论熔点控制在 1 400～1 530℃。

在竖炉炼铁生产中,为了保证渣金分离、铁水脱硫和正常排放,必须进行配料计算,以确定合理的炉渣成分,使炉渣具有合乎竖炉炼铁工艺要求的冶金性能,渣铁的正常排放是竖炉顺行的必要条件,描述渣铁流动性的指标就是炉渣粘度和炉渣的稳定性。

在竖炉型反应器冶炼不锈钢母液时,由于使用铬铁矿,炉渣成分将发生很大的变化,表 5-6 列出了竖炉型反应器冶炼不锈钢母液和普通生铁的炉渣成分[10-15]。对比表 5-6 可以看出,冶炼含铬炉料的炉渣的 Al_2O_3 和 MgO 含量一般较高,这种成分的炉渣的流动性和稳定性可以在实验室内通过粘度测定实验预先确定。

表 5-6　竖炉冶炼普通生铁、不锈钢母液和锰铁的炉渣成分对比[10-15]

厂名	铁　　种	SiO_2	Al_2O_3	CaO	MgO	FeO	MnO	Cr_2O_3
苏联	Cr%＝39.15	30.7	27.3	25.45	13.3	1.3	0.19	0.1
	Cr%＝39.10	26.5	30.7	23.7	18.2	1.3	0.26	0.25
	Cr%＝38.20	24.7	28.6	22.85	17.3	1.9	0.24	0.3
	Cr%＝38.50	25.4	30.3	25.25	16.0	2.2	0.21	0.3
德国	Cr%＝13.76	34.00	8.60	31.38	16.58		6.71	0.82
	Cr%＝20.43	31.60	8.30	30.60	20.64		4.51	0.54
	Cr%＝32.11	36.50	8.74	29.06	19.25		2.30	0.82
美国	Cr%＝15.11	31.65	13.02	40.03	13.45	0.22		0.08
	Cr%＝14.90	31.5	20	36	9.5			＜0.10

厂名	铁　　种	SiO_2	Al_2O_3	CaO	MgO	FeO	MnO	Cr_2O_3
中国	锰铁	26.59	19.25	38.47	6.47		7.55	
	锰铁	30.15	13.90	39.92	6.72		7.72	
鞍钢	炼钢铁	40.06	6.88	42.14	7.03	0.53		
武钢	炼钢铁	38.36	12.67	38.77	5.68	0.83		
煤山	铸造铁	36.99	8.96	42.66	6.72	0.65		
烟台	铸造铁	34.38	17.27	36.54	8.12	0.74		
计算	Cr%=18	32.22	18.43	32.22	15.33	0.40	0.18	0.75

5.2.3　炉渣粘度测定方法及装置

炉渣的粘度通常采用旋转式粘度计来测量。实验装置如图5-5所示。测定时将钼测头浸入坩埚内熔渣中部,当电机通过钢丝、不锈钢杆和钼杆带动钼测头旋转时,由于熔渣的粘滞作用使悬丝产生一个扭角,由连接于悬丝的上下两个遮光片在通过固定的光控门时产生的电信号,经 DTF 型时频数显仪将扭角转换成时间差信号显示出来,熔渣的粘度正比于时间差,其关系式为:

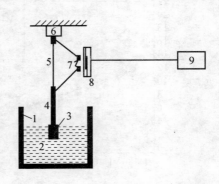

1—坩埚;2—熔渣;3—钼测头;4—石墨杆;
5—悬丝;6—电极;7—磁铁;8—弹簧继电器;
9—时频数显仪

图 5-5　炉渣粘度测定装置示意图

$$\eta = K \cdot \Delta\tau$$

式中：η——熔渣的粘度，泊(Pa·s)；

$\Delta\tau$——DTF 型时频数显仪显示的时间差，ms；

K——仪器常数，由测试已知粘度值的液体预先确定。

于是，通过测定时间差即可得到熔渣的粘度。测定时采用降温定点测定方法。首先将炉渣试样的温度升至指定温度 1 530℃下恒温30 min，待熔渣的温度和成分均匀后测定该温度下的熔渣粘度；而后，开始降温，逐次测定各温度点下熔渣的粘度，直至熔渣粘度过大无法继续测量为止。

5.2.4 结果与讨论

用化学纯的 SiO_2、Al_2O_3、CaO、MgO 和 MnO 按照冶炼含铬炉料可能出现的炉渣成分配制成混合体，经过高温电炉熔化，形成预熔渣。熔渣成分和粘度测定结果如图 5-6 所示。

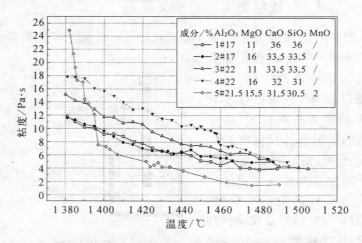

图 5-6 冶炼不锈钢母液预熔渣成分和粘度测定结果

由图 5-6 可知：在 1 450℃以上，所设计的五种成分的炉渣粘度都低于 10 Pa·s，可以预计不锈钢母液炉料在实际竖炉冶炼时能够从炉内顺利流出；提高 Al_2O_3 将使炉渣粘度升高，如 3♯和 4♯

样,在 Al_2O_3 为 22％时,MgO 升高将使炉渣粘度升高;在 Al_2O_3 为 17％时,MgO 的作用不明显;MnO 对炉渣粘度有明显的降低作用,5＃样添加了 2％的 MnO,在 1 400～1 500℃范围内,其熔渣均能保持在较低的粘度值。因此,在进行竖炉型熔融还原冶炼不锈钢母液的工业试验时可考虑添加适量的锰矿,以保证试验的顺利进行。另外,由表 5－6 可以看出,渣中 Cr_2O_3 量很小,预计可以顺利实现渣金分离。

5.3　不锈钢母液的液相线和流动性能的实验测定

由于不锈钢母液的凝固点、流动性与普通铁水完全不同,为了给竖炉直接冶炼不锈钢母液提供理论依据和实际操作指导,利用实验室中频感应炉对不同含铬量的铁水凝固点及流动性进行了测定,并与普通铁水进行了比较。通过热力学分析解释了碳化物的析出是影响不锈钢母液流动性的主要原因。

5.3.1　实验方法

试验用碳素铬铁合金,配加生铁的办法获得不同含铬量不锈钢母液,生铁及碳素铬铁合金放入中频频率为 2 000 Hz,容量为 100 kg 的感应炉中熔化,并加热到合金熔点以上。用快速热电偶测试感应炉中熔体的温度。实验中金属熔化均匀后取样,试样供熔体成分的化学分析用。实验中加入少许石墨块,使合金熔液碳饱和。

● 不锈钢母液凝固点的测定
本实验不锈钢母液的凝固点采用热分析法测定,图 5－7 为凝固点的测定装置。砂模内径为 60 mm,高为 60 mm,用内径为 2 mm 的细石英玻璃管穿过砂模样杯,铠装测温热电偶丝串入石英玻璃管中,热电偶为 PtRh30—PtRh6,热电偶接 LR 4110E 自动平衡记录仪。自动平衡记录仪用来记录冷却曲线,走纸速度设为

50 mm/min。将具有一定过热度的不锈钢母液浇入砂模后,温度会逐渐下降,当出现拐点或恒温段时,这时的温度即为不锈钢母液的凝固点。

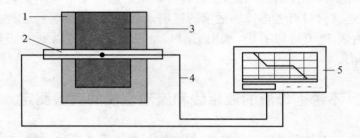

1—砂模;2—石英管;3—含铬合金液;4—热电偶;5—LR 4110E 记录仪

图 5 - 7　不锈钢母液凝固点测定装置

● 不锈钢母液流动性的测定

液态金属的流动性一般采用浇注"流动性试样"的方法来测定[16]。在测定过程中,将试样的结构和铸型性质固定不变,在相同的浇注条件下,例如在液相线以上相同的过热度或在同一的浇注温度下,浇注各种合金的流动性试样,以试样的长度来表示该合金的流动性。

流动性试样的类型很多,在生产和科学研究中应用最多的是螺旋形试样,而采用最多且简单的是单螺旋试样,单螺旋试样结构示意图如图 5 - 8 所示。合金的流动性就是以其充满螺旋形测量流槽的长度(mm)来确定的。本实验测定用流槽砂模材料为自凝型树脂砂,直浇道高度为 150 mm,流槽总长度为 1 550 mm。

5.3.2　实验结果与分析

共对一种普通铁水和四种不同含铬量不锈钢母液的凝固点及流动性进行了实验测定,它们的化学成分如表 5 - 7 所示。

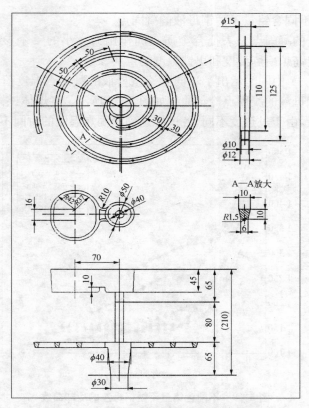

图 5－8　单螺旋形流动性试样结构示意图

表 5－7　熔体的化学成分及凝固点

序号	合金成分/%					凝固点 /℃
	Cr	P	Si	C	S	
1	0	0.108	0.80	4.39	0.005 0	1 145
2	4.60	0.178	0.90	4.32	0.015 0	1 153
3	8.52	0.168	0.85	4.82	0.009 5	1 193
4	13.18	0.155	0.85	4.78	0.007 3	1 251
5	17.17	0.148	0.75	5.50	0.019 0	1 314

● 不同含铬量不锈钢母液的凝固点

合金的凝固点是表征合金质点间作用力大小的一个参数,而且也是确定高炉冶炼温度和出铁温度的重要参数。

表 5-7 中同时示出了不同含铬量母液的凝固点温度值,测定不同含铬量母液的凝固点冷却曲线如图 5-9 所示。各熔体试样的冷却速度一致,由于过热度不同,各试样达到凝固点温度的时间不同。

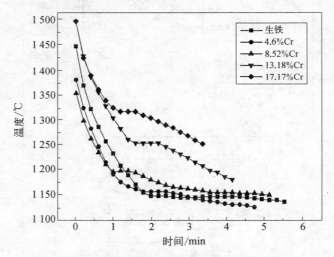

图 5-9　不同含铬量不锈钢母液的冷却曲线

由图 5-9 可见,凝固点温度值随熔体中含铬量的增加而升高,且升高的幅度逐渐增加,这与 Griffing[17] 的实验结果是一致的。跟普通铁水相比,含铬 4.6％铁水的凝固点温度只升高 8℃。而从含铬 13.18％到含铬 17.17％,虽然铬含量只增加了 4％,但凝固点温度却提高了 63℃,由此可见,含铬量越高,铁水的凝固点温度增加的幅度也越大。从 Jackson 用热分析法得到的 Fe-C-Cr 三元相图的液相面投影图[18]中也可以看到,碳含量在 4％～6％范围时,随铁水中含铬量的增加,液相线温度始终保持着增加的趋势。这表明铁水含铬量对液相线温度的影响大于碳和硅,也就是说不锈钢母液的液相线温度主要取决于含铬量。

图 5 - 10 为不锈钢母液凝固点温度与含铬量的关系。由图可见，凝固点温度与含铬量呈近似两次方的关系，将实测的凝固点温度 T_S 与铁水含铬量[Cr]进行回归得到如下方程：

$$T_S = 1\,145.26 + 1.39[Cr] + 0.5[Cr]^2, \qquad ℃$$

以上方程式说明 T_S 随[Cr]的增加而提高，铬较低时对凝固点温度 T_S 影响较小。而当铬含量增大到一定值后，凝固点温度的增幅较大，也就是说铬含量此时对凝固点的影响加大。

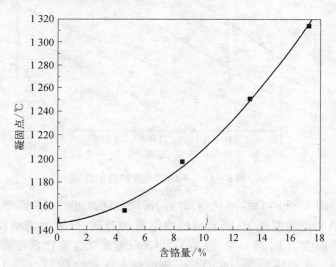

图 5 - 10　不锈钢母液凝固点温度与含铬量的关系

● 不同含铬量不锈钢母液的流动性

液态金属本身的流动能力称为流动性，流动性是金属的铸造性能之一。一般情况下，液态金属的流动性与金属的成分、温度、杂质含量及其物理性质有关。对竖炉冶炼不锈钢母液而言，母液流动性不好会导致竖炉出铁困难，影响竖炉顺行。普通铁水的流动性主要取决于铁水中碳、硅含量及浇注温度。而不锈钢母液的流动性在碳、

硅含量一定时,主要取决于铬含量和浇注温度。液态金属的流动性
是利用浇注流动性试样的方法测定的。本实验采用如图 5-8 单螺旋
砂模试样进行浇注,以试样的长度来判断合金的流动性。流动性实
验测定结果如图 5-11 所示。

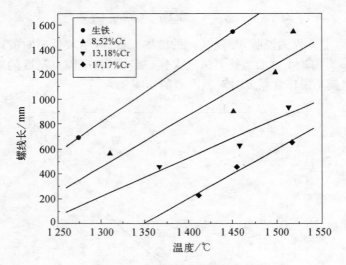

图 5-11 不锈钢母液的流动性

由图 5-11 可见,不锈钢母液的流动性随温度的增加而增大。而
在相同的浇注温度下,随着母液含铬量的升高,母液的流动性下降。
在浇注温度为 1 275℃时,含 8.52% Cr 母液流动性要比普通铁水降低
约 1 倍。在浇注温度 1 400℃下,普通铁水流动性是 17.17% Cr 铁水
流动性的 6.5 倍。在浇注温度 1 450℃下,普通铁水流动性约是
17.17% Cr 母液流动性的 4 倍。

若要达到 700 mm 相同的流动性,普通铁水浇注温度只需 1 275℃,
而含铬 17.17% 的母液浇注温度需要 1 525℃,温度增加 250℃。

对一般普通炼钢铁水而言,高炉出铁温度应不低于 1 320~
1 330℃,即要求图 5-11 中普通生铁流动性大约为 1 000 mm。相对
照,含 8.52% 和 13.18% 铬母液的出铁温度要求不低于 1 425℃ 和

1 540℃。所以要达到同样的流动性,冶炼含铬更高的不锈钢母液则可能需要更高的出铁温度。

Griffing 等[17]研究了含铬量为 15％的 Fe‐C‐Cr 系的液相线,结果如图 5‐12 所示。在碳含量低于 4％时,随着碳含量增加,液相线温度显著下降,在相同的浇注温度下,流动性明显提高;在碳含量 4％～6％之间,随碳含量的增加,液相线温度反而上升,但液相线温度仍在较低的范围。铬含量对 Fe‐Cr‐C 系液相线温度的影响如图 5‐13所示[17],在本实验碳含量 4％～5.5％范围内,此时铬元素含量越高,其液相线温度也越高,即不锈钢母液的凝固点越高,则其流动性下降,Griffing 的结果与本实验研究结果是相吻合的。

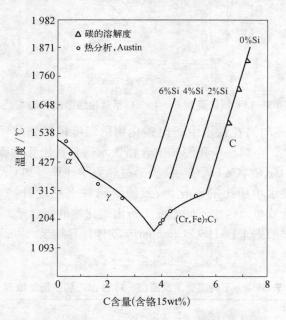

图 5‐12   含铬 15wt％时 Fe‐Cr‐C 系的液相线[17]

由于铬原子的半径大于铁原子,减小了铁熔体的自由空间,故铬在铁水中其使流动性降低,即粘度增大。在 Fe‐C‐Cr 系中铬对粘

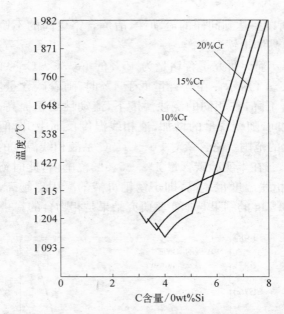

图 5 - 13   铬含量对 Fe‑Cr‑C 系液相线温度的影响[17]

度的影响,还与铬在铁水中析出碳化物的温度以及铬从铁水中析出的形态有关。由第三章我们知道含铬铁水通常析出铬的碳化物有三种形态,即 Cr_3C_2、Cr_7C_3、$Cr_{23}C_6$。通过热力学计算得知 Cr_3C_2 最容易析出。从铁水中析出的碳化物,致使含铬铁水粘度升高,流动性降低。通过计算可以得出不同温度下析出碳化物的铬含量。表 5 - 8 中所用热力学数据来自 HSC Chemistry 软件计算结果[19]。

$$3Cr_{(s)} + 2C_{石墨} \Longrightarrow Cr_3C_{2(s)} \qquad (5-1)$$

表 5 - 8   不同温度下反应(5 - 1)的 ΔG° 和平衡常数 K

	1 200℃	1 250℃	1 300℃	1 350℃
ΔG°/(J·mol⁻¹)	−104 569	−105 476	−106 369	−107 245
K	5.106×10^3	4.145×10^3	3.405×10^3	2.828×10^3

$$Cr_{(s)} \rightleftharpoons [Cr] \tag{5-2}$$

$$\Delta G^\circ = 19\,250 - 46.86T(J \cdot mol^{-1})^{[7]}$$

碳以纯石墨为标准状态,由反应(5-1)、(5-2)可得到反应(5-3)。

$$3[Cr] + 2C_{石墨} \rightleftharpoons Cr_3C_{2(s)} \tag{5-3}$$

铬在铁水中的活度主要受熔体中碳含量、铬含量的影响,忽略硅、磷、硫等元素的影响,可以得到铬的活度以及活度系数的关系式。

$$a_{Cr} = f_{Cr}[\%Cr] \tag{5-4}$$

$$\lg f_{Cr} = e_{Cr}^C[\%C] + e_{Cr}^{Cr}[\%Cr] \tag{5-5}$$

式中 e_i^j ——表示组元 j 对 i 的活度相互作用系数,1 500℃时 $e_{cr}^c = -0.12$, $e_{cr}^{cr} = -0.000\,3$,利用正规溶液的热力学关系式导出 e_i^j 的温度关系式计算出的不同温度下活度相互作用系数与 1 500℃时的值相差不大,因此可以以 1 500℃时的值代入进行计算。不锈钢母液中的饱和含碳量主要和温度以及铬含量有关,假定在表 5-9 所示的各温度下饱和碳含量分别为 4.2%、4.3%、4.4%和 4.6%。由式(5-4)、式(5-5)及表 5-9 中的数值可计算出对应不同温度熔体中析出碳化物时的铬含量分别为 14.42%、16.87%、17.83%和 20.97%。

表 5-9   不同温度下反应(5-3)的 ΔG° 和
平衡常数 K 以及铬的活度

	1 200℃	1 250℃	1 300℃	1 350℃
$\Delta G^\circ/(J \cdot mol^{-1})$	44 776	50 898	57 034	63 187
K	0.025 8	0.018 0	0.012 8	0.009 3
a_{Cr}	3.38	3.82	4.28	4.76

计算结果表明,不锈钢母液中析出碳化物时铬的含量比较高。

由此我们可以推测,在不锈钢母液含铬量较低的情况下,影响其流动性的原因主要是铁水的粘度和流动前沿的凝固;而在含铬量较高的铁水中,析出的如 Cr_3C_2 固体碳化物将严重影响其粘度,从而大大降低不锈钢母液的流动性。

5.3.3 结论

实验测定的结果表明:

(1) 不锈钢母液的凝固点和流动性与普通铁水有很大差别,不锈钢母液碳饱和时,铁水温度及含铬量是影响其凝固点和流动性的主要因素。温度越高,铁水流动性越好;而铁水中含铬量越高,则流动性大大下降。

(2) 不锈钢母液在碳含量为 $4\%\sim6\%$ 之间时,随着铬含量增加,不锈钢母液的凝固点温度升高,且当铁水中含铬量越高时,凝固点温度增加的幅度也越大。

(3) 对于竖炉型熔融还原方法冶炼不锈钢母液而言,出铁的温度至少要比冶炼普通铁水提高 $100\sim200℃$,才能更好地保证铁水顺畅流出,并满足后续炼钢对温度的要求。

5.4 小结

本章对含铬炉料的熔融滴下性能、含铬炉料冶炼时的炉渣结构及粘度、不锈钢母液的凝固点及其流动性等三个方面进行了实验室研究。在竖炉型熔融还原法冶炼不锈钢母液的工业试验实施之前,进行这三方面的研究可以为工业试验的工艺参数的确定提供参考,为确保新工艺的成功实施提供技术上的保障。

含铬炉料的熔融滴下性能测定结果表明:由于铬铁矿的难熔和难还原性,使冶炼不锈钢母液炉料的软化终了温度及滴下温度提高,因而可以预计采用竖炉冶炼不锈钢母液时的软熔带厚度会比冶炼普通生铁时要厚而且下沿位置更低。配加合适的铁矿石和石灰熔剂有利于减少软熔带厚度,有利于炉料的顺利滴下。

在温度高于 1 450℃时,实验所设计的五种成分的炉渣粘度均低于 10 泊,因此,可以预测不锈钢母液炉料在实际竖炉冶炼时能够顺利从炉内流出。实际工业试验时可将四元炉渣成分控制在如下范围内:Al_2O_3 15%～20%、MgO 10%～15%、$CaO/SiO_2 = 0.9～1.0$、$(CaO+MgO)/(Al_2O_3 + SiO_2) = 0.9～1.0$,炉渣理论熔点控制在 1 400～1 530℃。炉渣中含少许 MnO 可以有效地降低终渣粘度,因此,工业试验时还可以通过配加锰矿来调节炉渣渣型,改善其流动性,确保炉渣的正常排放。

工业试验能否顺利进行,人们最担心的是不锈钢母液的排出是否顺畅,母液流出后不会因温度低而在铁沟或钢包中发生冻结。本章中进行的不锈钢母液凝固点和流动性的实验研究解除了人们的顾虑,根据实验测定结果得知,不锈钢母液凝固点温度与含铬量呈近似两次方的关系,含铬量越高,母液的凝固点温度就越高,而反之,含铬量越高,不锈钢母液的流动性就越差。采用竖炉生产不锈钢母液时,出铁的温度若能比冶炼普通铁水提高 100～200℃,就可以保证渣铁的顺利排放,并满足后续工艺对温度的要求。

参考文献

[1] (日)神原健二郎,等. 高炉解体研究. 刘晓侦,译. 北京:冶金工业出版社,1980:58 - 81.

[2] 邢宏伟,李振国,张玉柱. 唐钢合理炉料结构研究. 烧结球团,2000, 25(6):14 - 17.

[3] 谭宏文. 湘钢二烧二期工程上马后合理炉料结构研究. 湖南冶金,2001(5), 9 - 12, 44.

[4] Y. L. Ding, A. J. Merchant. Kinetics and Mechanism of Smelting Reduction of Fluxed Chromite, Part 1 Carbom-chromite-flux Composite Pellets in Fc - Cr - C - Si Melts.

Ironmaking and Steelmaking, 1999, 26(4): 247 - 253.

[5] Y. L. Ding, A. J. Merchant. Kinetics and Mechanism of Smelting Reduction of Fluxed Chromite, Part 2 Chromite-flux Pellets in Fc - C - Si Melts. Ironmaking and Steelmaking, 1999, 26(4): 254 - 261.

[6] Y. L. Ding, N. A. Warner. Catalytic reduction of carbon-chromite composite pellets by lime. Thermochimica Acta, 1997, 292(1 - 2): 85.

[7] 黄希祜. 钢铁冶金原理. 北京: 冶金工业出版社, 2002.

[8] 魏佩珉, 杨国荣. 碳素铬铁冶炼渣型的选择. 1991(2): 1 - 7.

[9] 德国钢铁工程师协会编. 渣图集. 王俭, 彭育强, 毛裕文, 译. 北京: 冶金工业出版社, 1989: 70, 102.

[10] 成兰伯主编. 高炉炼铁工艺及计算. 北京: 冶金工业出版社, 1991: 399 - 467.

[11] 东北工学院炼铁教研室编. 高炉炼铁(中册). 北京: 冶金工业出版社, 1978: 98 - 131.

[12] М. Х. Лукашенко, Б. Б. Ивашев. Получение дом енного феррохрома. Сталь, 1944(7 - 8): 3 - 8.

[13] Г. В. Гайэуков, М. Х. Лукашенко. Доменный феррохром из шлаков шахтных печей, выплав ляющих малоуглеродистый феррохром бес флюсовым методом. Сталь, 1944(9 - 10): 3 - 7.

[14] H. Marenbach, Die Erzeugung von Ferrochrom im Hochofen. Stahl und Eisen, 1945, 65(5/6): 57 - 64.

[15] F. C. Langenberg, E. L. Kern et al. Manufacture Of Stainless Steel in the Top-Blown Oxygen Converter. Blast Furnace and Steel Plant, 1967(8): 695 - 701.

[16] 中国机械工程学会铸造专业学会编. 铸造手册(第 1 卷)(铸铁). 北京: 机械工业出版社, 1993.

[17] N. R. Griffing, W. D. Forgeng, G. W. Healy. C - Cr - Fe

Liquidus Surface, Trans. AIME, 1962(224): 148 - 159.

[18] R. S. Jackson. The Austenite Liquidus Surface and Constitutional Diagram for the Fe - Cr - C Metastable System. J. of Iron Steel Inst., 1970(208): 163.

[19] HSC Chemistry Ver. 3. 0, Outokumpu Research Oy, Pori, Finland, A. Roine.

第六章　竖炉冶炼不锈钢
母液的工业试验

在钢铁冶金新技术飞速发展的今天,高炉炼铁技术、铁水炉外预处理技术、转炉顶底复吹技术有了显著的进步,尤其是钢水炉外精炼技术的发展水平达到了一个前所未有的高度。所以,在我国大力发展民族不锈钢工业的今天,在现今的技术背景之下重新考察竖炉冶炼不锈钢母液的工艺,具有重要的科学意义和现实意义。

工业试验的目的就是要探索采用普通高炉冶炼不锈钢母液(即含铬生铁)的可行性;了解实际操作中出现的各种情况和现象;根据工业试验结果预测在正常条件下竖炉型反应器冶炼不锈钢母液的主要技术、经济指标;为不锈钢生产新工艺流程提供技术准备和决策依据。

6.1　冶炼工艺流程及操作制度的总体思考

6.1.1　工艺流程

竖炉型反应器冶炼不锈钢母液的工艺流程与高炉冶炼普通生铁的冶炼工艺基本相同,不同之处在于入炉原料中加入了冶炼不锈钢母液所必需的含铬原料——铬矿石。从国外竖炉型反应器冶炼不锈钢母液的实践来看[1-4],铬铁矿都是以天然形态加入高炉,图 6-1 是竖炉型反应器冶炼不锈钢母液的流程示意图。

6.1.2　原燃料成分

竖炉冶炼不锈钢母液所必需含铬原料就是铬铁矿,世界上铬铁矿储量丰富的国家主要有南非、印度、津巴布韦和前苏联,土耳其、菲律宾、巴基斯坦和澳大利亚也有一定的铬铁矿储量。我国的西藏和新疆

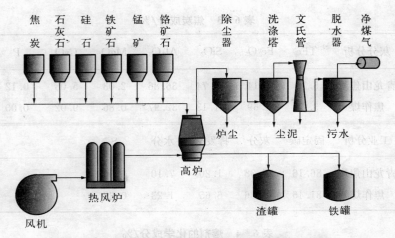

图 6-1 竖炉型反应器冶炼不锈钢母液的流程示意图

有少量的铬铁矿储量,但品位较低。铬铁矿的化学成分及主要特性在
第三章中进行了详细介绍。工业试验采用了上海申佳铁合金厂提供的
澳大利亚铬铁矿,其他原料包括铁矿石、废铁、焦炭和石灰石、白云石等
熔剂,这些原料和高炉冶炼普通生铁的原料相同,试验时宝钢集团上海
一钢公司炼铁厂所用的各种原料的化学成分分别见表 6-1~表 6-4。

表 6-1 铬矿石化学成分/%

原料名称	Cr_2O_3	TFe	SiO_2	Al_2O_3	MgO	P	S	Cr/Fe
澳大利亚铬矿	37.36	13.52	13.36	10.21	14.06	0.006	0.011	1.89

表 6-2 铁矿化学成分/%

原料名称	TFe	SiO_2	Al_2O_3	MgO	CaO	P	FeO	S	Fe_2O_3	Mn
南非铁矿	65.48	4.17	1.20	0.02	0.04	0.05	0.10	0.01	93.43	
澳 铁 矿	65.06	2.76	1.62		0.05	0.05	0.11	0.09	92.82	
海南铁矿	56.25	16.25	0.80	0.28	0.50	0.02	1.25	0.25	78.97	
锰 矿	8.62	38.95	1.75	1.12	1.60	0.28		0.025		22.78

表 6 - 3 焦炭成分/%

灰分分析	TFe	Fe₂O₃	SiO₂	Al₂O₃	MgO	CaO	P
青龙山焦炭	5.70	8.14	43.74	36.86	2.03	5.08	0.12
焦作煤	3.28	4.69	41.13	32.97	0.86	9.02	0.00

工业分析	固定碳	灰分	挥发分	水分	S
青龙山焦炭	86.16	12.38	1.20	7.10	0.50
焦作煤	81.46	11.86	6.65	1.23	0.32

表 6 - 4 熔剂的化学成分/%

熔剂名称	SiO₂	CaO	MgO	Al₂O₃	S	烧损
石灰石	0.77	48.45	0.19	1.75	0.246	46.7
白云石	1.48	29.8	21.32	1.0	0.28	42.8

6.1.3 造渣制度

炉渣制度是指适于具体冶炼条件和铁种要求的最佳炉渣成分和碱度。炉渣应具有良好的热稳定性和化学稳定性,良好的流动性和脱硫能力,并利于炉况顺行以及高炉内衬维护。

由于天然铬铁矿的品位均较低,含铬量最高在 50%～57% 范围,低的只有 33% 左右,相应的脉石成分较高。并且铬铁矿自然渣成分大多处在镁橄榄石和尖晶石区,熔点高。因此,为了降低炉渣熔化温度,改善炉渣的流动性,就必须配加一定的石灰石、白云石等熔剂,这些因素使竖炉法冶炼不锈钢母液时势必造成大量的炉渣。为减少渣量,不仅要选择好铬铁矿和铁矿,而且要使铬铁矿和铁矿搭配合理,形成的自然渣比较适当,尽量减少熔剂的配入量,从而达到减少渣量的目的。选择铬铁矿时要考虑 TCr＋TFe、TCr/TFe、MgO/Al$_2$O$_3$、Al$_2$O$_3$/SiO$_2$ 和 MgO/(Al$_2$O$_3$＋SiO$_2$)等指标。而在选择铁矿时要考虑矿中有较高的 SiO$_2$ 含量，以改善自然渣的成分。

由于客观条件所限，本次工业试验采购的是澳大利亚铬铁矿，该矿品位较低，铬矿中 Cr$_2$O$_3$ 含量仅为 37.36％，TCr＋TFe 之和为 39.08％，而且脉石成分中含 SiO$_2$、MgO 和 Al$_2$O$_3$ 较高(见表 6-1)，该铬矿冶炼形成的自然渣熔点达 1 700℃。自然渣的成分尖晶石区。根据第五章中渣型结构的分析，综合铬铁矿和铁矿的条件，工业试验时将炉渣成分控制在以下范围为宜：Al$_2$O$_3$ 17％～20％，MgO 10％～15％，CaO/SiO$_2$＝0.9～1.0，炉渣熔点控制在 1 400～1 530℃左右为宜。

6.1.4 送风制度

由于冶炼不锈钢母液时必须保证炉缸有足够的热量，富氧和高风温是提高炉缸温度的有效措施。目前的热风炉装备水平已经可以为竖炉型反应器提供 1 200℃以上的高风温，这个温度比历史上冶炼不锈钢母液所使用的 600℃风温整整提高了一倍。目前高炉的富氧水平一般在 1％～3％，而且使用的是炼钢的剩余氧气，在竖炉型反应器冶炼不锈钢母液时，应以尽可能高的富氧率连续使用富氧鼓风，在喷煤时更应如此。

由于铬基本上是在炉缸内直接还原，如果炉缸温度偏低，将容易发生炉缸堆积，所以应该保证吹透中心。从历史经验来看，由于炉温较低造成风口挂渣而烧毁风口的事故较为频繁，风口漏水更会恶化炉缸的工作状态。所以竖炉在冶炼不锈钢母液时保持炉缸活跃和物理热充沛是十分重要的操作原则之一。

6.1.5 装料制度

装料制度包括入炉料的入炉顺序、数量、料线高低及炉顶设备布料功能的运用等。合理的装料制度可以达到控制炉料分布从而影响气流分布的目的。

竖炉冶炼不锈钢母液的炉顶煤气温度较高,一般 $300 \sim 600℃$,甚至更高,这将严重影响炉顶装料设备的使用寿命。必须设法将炉顶煤气温度控制在 $400℃$ 以下。除了炉顶外部喷水冷却以外,采用合理的装料制度控制中心和边沿煤气流过分发展也是控制炉顶温度的有效措施。

高压操作有利于竖炉型反应器冶炼不锈钢母液,由于负荷较轻,吨铁煤气量较大,实施高压操作可以降低煤气流速,从而减少炉尘吹出量。

6.1.6 渣铁管理

不锈钢母液容易因温度降低而结壳和凝固,母液流出之后应注意采取必要的保温措施,如在铁水包内抛洒保温剂。另外,合理的生产调度也是必须注意的问题之一。

6.1.7 小结

虽然竖炉冶炼不锈钢母液的生产工艺和冶炼普通炼钢生铁的生产工艺基本相同,但是铬铁矿的还原特性决定了竖炉冶炼不锈钢母液有其鲜明的技术特征。由于铬矿石的开始还原温度较高,同时反应吸收大量的热量,因此,保持炉缸物理热充沛的、工作状态活跃和炉温稳定是竖炉冶炼不锈钢母液顺利进行的重要保证。

现代高炉炼铁技术中的高风温技术、富氧大喷煤技术已经在冶炼普通炼钢生铁工艺中获得了成功的应用。从理论上来说,这些技术在竖炉型反应器冶炼不锈钢母液时将可以发挥更重要的作用。除此之外,高炉风口、炉缸耐火材料和高炉进风装置也必须作相应的改进以适应高温工作条件。

铬矿石的选择与配矿对于保证高炉炉渣具有合理的冶金性能,并对降低最终冶炼成本具有重要影响。另外,通过合适的装料制度和炉顶喷水来控制炉顶温度也是工业试验时需要特别注意的问题。

6.2　竖炉冶炼不锈钢母液的理论工艺计算

根据高炉冶炼普通生铁的工艺计算方法[5-9],将铬的还原看作像硅、锰一样的非铁元素的直接还原过程,由铬的热化学反应式进行物料平衡和热平衡计算。以宝钢集团上海一钢公司 255 m³ 高炉的冶炼条件为例,进行竖炉冶炼不锈钢母液的理论工艺计算。

6.2.1　配料计算

配料计算的实质是根据给定各种原料的特性指数和设定冶炼制度,列出一系列物料平衡方程式,并同热平衡方程式联合成一个方程组,以求出作为未知数列入方程式中的燃料及部分原料用量。

6.2.1.1　原料条件

铬铁矿是上海申佳铁合金厂冶炼高碳铬铁合金使用的澳大利亚铬铁矿;铁矿石、焦炭、煤粉和熔剂均为宝钢集团一钢公司炼铁厂高炉生产原料,它们的化学成分分别见表 6-1～表 6-4。

6.2.1.2　设定的冶炼条件

假设冶炼含铬量为 18% 的不锈钢母液;假定焦比 1 000 kg/tFe、煤比 100 kg/tFe、废铁单耗也是 100 kg/tFe;根据经验认为铬在渣铁中的分配率为 0.02∶0.98;铁矿石只使用南非矿和海南矿混合使用,比例为 10∶90。其他冶炼设定条件见表 6-5。

表 6-5　设定的冶炼条件

生铁成分	[Cr]	[Si]	[C]	[Mn]	[P]	[S]	[Fe]
%	18.00	2.50	5.50	0.15	0.11	0.03	73.71

工艺参数	焦比	煤比	二元碱度	废铁	油比
单位	kg/tFe	kg/tFe		kg/tFe	kg/tFe
	884.00	100.00	1.00	100	0.00

续　表

元素分配率/%	Fe	Mn	Cr	P	S
生铁	0.997	0.650	0.980	1.000	
炉渣	0.003	0.350	0.020	0.000	
煤气	0.000	0.000	0.000	0.000	0.100

混合矿配比/%	南非	澳矿	海南
	10.00	0.00	90.00

成分/%	TFe	SiO_2	Al_2O_3	MgO	CaO	P	FeO	S	Fe_2O_3	MnO_2	Mn	CO_2
	57.17	15.04	0.84	0.25	0.45	0.02	1.14	0.23	80.41	0.26	0.16	0.64

6.2.1.3　矿石和石灰石需要量计算

以生产 1 000 kg 不锈钢母液为例,见表 6-6。

表 6-6　需要加入的矿石和石灰石量
(以 1 000 kg 不锈钢母液为例)

计　算　项　目	计　算　值
每吨母液含铬量/kg	180.000
进入渣中的铬量/kg	3.673
每吨母液需要澳铬矿量/kg	690.270
铬矿带入 SiO_2 量/kg	79.864
铬矿带入 Al_2O_3 量/kg	69.579
铬矿带入 MgO 量/kg	104.783
铬矿带入 CaO 量/kg	0.000
铬矿带入 P 量/kg	0.035
铬矿带入 Fe 量/kg	114.796
每吨母液含铁量/kg	737.100
进入渣中的铁量/kg	2.218
焦炭带入铁量/kg	6.236

计　算　项　目	计　算　值
煤粉带入铁量/kg	0.389
每吨母液需要混合铁矿量/kg	932.078
混合矿带入 SiO_2 量/kg	140.203
混合带入 Al_2O_3 量/kg	7.829
混合带入 MgO 量/kg	2.367
混合矿带入 CaO 量/kg	4.232
混合矿带入 P 量/kg	0.214
每吨母液需要澳铬矿量/kg	690
每吨母液需要海南铁矿量/kg	839
焦带入灰量/kg	109.439
焦炭带入 SiO_2 量/kg	47.869
焦炭带入 Al_2O_3 量/kg	40.339
焦炭带入 MgO 量/kg	2.222
焦炭带入 CaO 量/kg	5.560
焦炭带入 P 量/kg	0.131
煤粉带入灰量/kg	11.860
煤粉带入 SiO_2 量/kg	4.878
煤粉带入 Al_2O_3 量/kg	3.910
煤粉带入 MgO 量/kg	0.102
煤粉带入 CaO 量/kg	1.070
煤粉带入 P 量/kg	0.000
废铁带入铁量/kg	85.000
废铁带入 SiO_2 量/kg	9.000
废铁带入 Al_2O_3 量/kg	3.000
Si 进入铁中消耗的 SiO_2 量/kg	53.500
石灰石需要量/kg	456.068
石灰石带入 SiO_2 量/kg	3.512
石灰石带入 Al_2O_3 量/kg	7.981
每吨母液需要南非铁矿量/kg	93
石灰石需要量/kg	456

6.2.1.4 炉渣成分和渣量计算

炉渣成分和渣量计算见表 6-7。

表 6-7 炉渣成分和渣量计算表

计 算 项 目	计 算 值
进入渣中的 SiO_2 量/kg	231.826
进入渣中的 Al_2O_3 量/kg	132.639
进入渣中的 MgO 量/kg	110.341
进入渣中的 CaO 量/kg	231.826
全部炉料带入的硫量/kg	8.062
进入生铁的硫量/kg	0.300
进入煤气的硫量/kg	0.806
进入炉渣的硫量/kg	6.956
进入铁中的 P 量/kg	0.380
渣中的 FeO 量/kg	2.852
渣中的 MnO 量/kg	1.285
渣中的 Cr_2O_3 量/kg	5.369

炉渣组成	SiO_2	Al_2O_3	MgO	CaO	Cr_2O_3	MnO	FeO	S/2	合计	二元
炉渣数量/kg	231.83	132.64	110.34	231.83	5.37	1.29	2.85	3.48	719.62	碱度
炉渣成分/%	32.22	18.43	15.33	32.22	0.75	0.18	0.40	0.48	100.00	1.00

6.2.1.5 不锈钢母液成分校核

不锈钢母液成分校核见表 6-8。

表 6-8 不锈钢母液成分校核表

计 算 项 目	计 算 值	计 算 项 目	计 算 值
母液含磷量/%	0.038	母液含锰量/%	0.100
母液含硫量/%	0.030	母液含铁量/%	73.710
母液含硅量/%	2.500	母液含碳量/%	5.622
母液含铬量/%	18.000	合　计	100.000

6.2.2 物料平衡

6.2.2.1 物料平衡计算设定的冶炼参数

假定的冶炼参数参考高炉冶炼普通生铁的经验数据,见表 6-9。

表 6-9 物料平衡设定的冶炼参数

参 数 名 称	参 数 值
1. 按经验选定铁的直接还原度	0.40
2. 鼓风湿度/%	1.00
3. 绝对鼓风湿度/(g/m^3)	8.04
4. 干风富氧率/%	3.00
5. 生成 CH_4 的碳量占入炉总碳量的比/%	2.00
6. 熔剂中 CO_2 被还原的系数	0.50
7. H_2 参加还原的比例/%	50.00

6.2.2.2 根据碳平衡计算入炉风量

入炉风量计算见表 6-10。

表 6-10 根据碳的平衡计算的入炉风量

1. 风口前燃烧的碳量计算	数 值
焦炭带入固定碳/kg	761.65
煤粉带入固定碳/kg	81.46
燃料共带入碳量/kg	843.11
生成 CH_4 的碳量/kg	16.86
溶于生铁的碳量/kg	56.22
铁的直接还原耗碳/kg	63.18
铬的直接还原耗碳/kg	62.31
硅的直接还原耗碳/kg	21.43
锰的直接还原耗碳/kg	0.22

续　表

1. 风口前燃烧的碳量计算	数　值
磷的直接还原耗碳/kg	0.37
CO_2 直接还原耗碳量/kg	23.80
硫的直接还原耗碳量/kg	1.30
风口前燃烧的碳量/kg	597.42
风口前燃烧的碳量占入炉总碳量比/%	78.44

2. 风量计算	数　值
鼓风中的氧气浓度/%	24.00
燃烧 1 kg 碳素所需风量/(m^3/kg)	4.01
每吨生铁的鼓风量/(m^3/tFe)	2 396.35

6.2.2.3　煤气成分及数量计算

煤气成分及数量计算结果见表 6 - 11。

表 6 - 11　煤气成分及数量计算

煤气成分及数量计算	数　值
1. CH_4	
由燃料碳素生成 CH_4/m^3	31.48
焦炭挥发分含 CH_4/m^3	0.50
进入煤气的 CH_4/m^3	31.97
2. H_2	
鼓风中水分分解出 H_2/m^3	23.96
焦炭挥发分带入 H_2/m^3	7.92
煤粉分解出 H_2/m^3	21.32
入炉总 H_2/m^3	53.20

续　表

煤气成分及数量计算	数　值
参加还原的 H_2 量/m^3	26.60
生成 CH_4 的 H_2/m^3	62.95
进入煤气的 H_2/m^3	−36.35
3. CO_2	
由 Fe_2O_3 还原成 FeO 所生成的 CO_2/m^3	104.93
由 FeO 还原成 Fe 所生成的 CO_2/m^3	176.90
由 MnO_2 还原成 MnO 所生成的 CO_2/m^3	0.62
扣除因 H_2 参加还原减少的 CO_2/m^3	−26.60
间接还原所生成的 CO_2/m^3	255.86
石灰石分解出的 CO_2/m^3	88.87
石灰石分解出的 CO_2 中被还原的部分/m^3	44.44
由石灰石进入煤气中的 CO_2/m^3	44.44
焦炭分解出的 CO_2/m^3	3.89
混合矿分解出的 CO_2/m^3	5.93
进入煤气中的 CO_2/m^3	310.12
4. CO	
风口前碳素燃烧生成 CO/m^3	1 115.18
各元素直接还原生成 CO/m^3	319.77
焦炭挥发分带入 CO/m^3	10.97
间接还原所消耗的 CO/m^3	255.86
进入煤气中的 CO/m^3	1 190.06
5. N_2	
鼓风中带入 N_2/m^3	1 803.02
焦炭带入 N_2/m^3	1.41
煤粉带入 N_2/m^3	0.44
进入煤气中的 N_2/m^3	1 804.87

续　表

煤气组成	CO₂	CO	N₂	H₂	CH₄	合计
气体体积/m³	310.1	1 190.1	1 804.9	−36.4	32.0	3 300.7
煤气成分/%	9.4	36.1	54.7	−1.1	1.0	100.0

6.2.2.4　物料平衡表的编制

编制的物料平衡表见表 6-12,计算的相对误差为 2.17%,这与现场分析的原料成分有关。

表 6-12　物料平衡表

计　算　项　目	数　值
1. 计算鼓风量	
1 m³ 鼓风重量/(kg/m³)	1.29
全部鼓风重量/kg	3 086.42
2. 计算煤气量	
1 m³ 煤气重量/(kg/m³)	1.32
全部煤气重量/kg	4 372.41
3. H₂ 还原产生水分量/kg	21.38
4. 炉尘量/kg(前面计算没有考虑)	0.00

物　料　平　衡　表

序号	收入项	kg	支出项	kg
1.	澳铬矿	690.27	生铁	1 000.00
2.	南非铁矿	93.21	炉渣	719.62
3.	澳铁矿	0.00	煤气	4 372.41
4.	海南铁矿	838.87	水分	21.38
5.	焦炭	884.00		
6.	煤粉	100.00		

物 料 平 衡 表

7.	鼓风	2 993.83	
8.	氧气	92.59	
9.	废铁	100.00	
10.	石灰石	456.07	
合计		6 248.83	6 113.41

误差	绝对误差/kg	—135.43	相对误差/%	—2.17

6.2.3　第二热平衡

6.2.3.1　冶炼参数设定

　　热平衡计算方法采用接近炉内实际情况的第二热平衡进行计算,第二热平衡是按高炉内实际发生的还原过程来计算热量的消耗,这种方法比第一种热平衡(全炉热平衡)更能说明高炉冶炼时能源利用的实际状况。一些冶炼参数的设定同样参考了高炉冶炼经验数据,见表6-13。

表 6-13　冶炼参数选取值

一、冶炼参数	数　值
1. 鼓风温度/℃	1 060
2. 炉顶温度/℃	300
3. 入炉矿石温度/℃	30
4. 由 C 氧化成 1 m³ 的 CO_2 放出的热量/(kJ/m³)	17 887
5. 由 C 氧化成 1 m³ 的 CO 放出的热量/(kJ/m³)	5 245
6. 1 060℃时的干燥空气的比热容/[kJ/(m³·℃)]	1.42
7. 水蒸气的比热容/[kJ/(m³·℃)]	1.73

续　表

一、冶 炼 参 数	数　值
8. 炉料中以碳酸盐存在的 CaO 和 MgO 在高炉内成渣防热/(kJ/kg)	1 130
9. 1 m³ 的 H_2 氧化成 H_2O 放出的热量/(kJ/m³)	10 799
10. 1 kg 的 CH_4 的生成热/(kJ/kg)	4 864
11. 1 m³ 的 H_2O 的分解热/(kJ/m³)	10 799
12. 1 kg 煤粉的分解热/(kJ/kg)	1 255
13. 1 kg $CaCO_3$ 的分解热/(kJ/kg)	4 042
14. 1 kg $MgCO_3$ 的分解热/(kJ/kg)	2 485
15. 铁水热焓值/(kJ/kg)	1 300
16. 炉渣热焓值/(kJ/kg)	2 100
17. 炉顶煤气在 300℃时各成分比热/[kJ/(m³·℃)]	
$\quad\quad\quad CO_2$	1.862 4
$\quad\quad\quad CO$	1.321 4
$\quad\quad\quad N_2$	1.321 4
$\quad\quad\quad H_2$	1.302 2
$\quad\quad\quad CH_4$	1.957 8
$\quad\quad\quad H_2O$	1.542 1

二、热 效 应	数　值	备　注
1. 1 kg 碳发热值，9 790 kJ/kg	9 790	
2. $Fe_2O_3 + CO \Longrightarrow 2FeO + CO_2 - 1\,549\ kJ$	-1 549	kg 分子
3. $Fe_3O_4 + CO \Longrightarrow 3FeO + CO_2 - 20\,888\ kJ$	-20 888	kg 分子
4. $2FeOSiO_2 \Longrightarrow 2FeO + SiO_2 - 47\,522\ kJ$	-47 522	kg 分子
5. $FeO + CO \Longrightarrow Fe + CO_2 + 13\,605\ kJ$	13 605	kg 分子
6. $FeO + H_2 \Longrightarrow Fe + H_2O - 27\,718\ kJ$	-27 718	kg 分子

二、热 效 应	数　值	备　注
7. $FeO+C\!=\!\!=\!Fe+CO-152\,190\ kJ/kg$	$-152\,190$	kg 分子
8. $MnO_2+CO\!=\!\!=\!MnO+CO_2$（忽略）	0	
9. $MnO+C\!=\!\!=\!Mn+CO-5\,225\ kJ/kg$	$-5\,225$	每 kg Mn
10. $SiO_2+2C\!=\!\!=\!Si+2CO-22\,682\ kJ/kg$	$-22\,682$	每 kg Si
11. $P_2O_5+5C\!=\!\!=\!2P+5CO-15\,492\ kJ/kg$	$-15\,492$	每 kg P
12. $Cr_2O_3+3C\!=\!\!=\!2Cr+3CO-8\,243\ kJ/kg$	$-8\,243$	每 kg Cr
13. 每脱除 1 kg 硫需热量，4 660 kJ/kg	4 660	

6.2.3.2　热收入计算

热收入项计算见表 6-14。

表 6-14　热收入项计算

热 收 入 项	数　值
1. 风口前碳素燃烧防热/kJ	5 848 730.706
2. 热风带入的有效热	
热风带入的热量/kJ	3 614 865.567
风中水分分解热/kJ	$-258\,782.204\,5$
煤粉分解热	$-125\,500$
热风带入的有效热量/kJ	3 230 583.363
3. 混合矿带入的物理热/kJ	0
4. CH_4 的生成热/kJ	109 357.558 4
热收入总计/kJ	9 188 671.627

6.2.3.3　热支出计算

热支出项计算见表 6-15。

表 6–15 热支出项计算

热 支 出 项	数 值
1. 氧化物的还原与脱硫	
（1）铁氧化物的还原耗热	
硅酸铁分解吸热/kJ	−49 953.643 53
Fe_2O_3 还原成 FeO 吸热/kJ	−7 028.757 609
Fe_3O_4 还原吸热/kJ	−3 069.109 449
H_2 还原吸热/kJ	−32 916.057 65
FeO 间接还原放热/kJ	91 289.092 22
直接还原铁吸热/kJ	−801 280.35
合计铁氧化物还原耗热/kJ	−802 958.826
（2）其他氧化物的还原耗热	
锰还原吸热/kJ	−5 201.663 214
硅还原吸热/kJ	−567 050
磷还原吸热/kJ	5 890.343 564
铬还原吸热/kJ	−1 483 740
CO_2 还原吸热/kJ	−328 886.92
合计其他铁氧化物还原耗热/kJ	−2 378 988.238
（3）脱硫耗热/kJ（忽略）	−32 414.776 88
氧化物还原及脱硫耗热合计	3 214 361.841
2. 碳酸盐分解吸热	
分解吸热/kJ	−724 774.930 2
成渣放热/kJ	258 126.463 5
碳酸盐合计耗热/kJ	466 648.466 7
3. 游离水蒸发热/kJ（未计）	0
4. 铁水带走热/kJ	1 300 000
5. 炉渣带走热/kJ	1 511 191.778
6. 炉顶煤气带走热/kJ	1 373 300.827
7. 热损失/kJ	1 323 168.714

6.2.3.4 热平衡表

编制好的热平衡表见表 6-16。

表 6-16 热平衡表

第 二 热 平 衡 表

序号	收入项	kg	%	支出项	kg	%
1.	风口前碳素燃烧	5 848 731	64	还原、脱硫	3 214 362	35
2.	热风带入物理热	3 230 583	35	碳酸盐分解热	466 648	5
3.	CH_4 生成热	109 358	1	铁水带走热	1 300 000	14
4.			0	炉渣带走热	1 511 192	16
5.			0	煤气带走热	1 373 301	15
6.			0	热损失	1 323 169	14
7.	合计	9 188 672	100	合计	9 188 672	100

6.2.4 理论焦比计算

6.2.4.1 设定条件

计算用到的冶炼参数选取高炉炼铁的经验数据,见表 6-17。

表 6-17 设定条件

设 定 条 件		设 定 值
1. V煤=1.3~1.4 V风,喷吹时取高限		1.40
2. 混合矿在温度 30℃的比热容	kJ/kg·℃	0.67
3. $FeO+CO \Longrightarrow Fe+CO_2$ 还原放热	kJ/kg 铁	243.00
4. $FeO+H_2 \Longrightarrow Fe+H_2O$ 还原吸热	kJ/kg 铁	495.00
5. $FeO+C \Longrightarrow Fe+CO$ 还原吸热	kJ/kg 铁	2 720.00
6. $CO_2+C \Longrightarrow 2CO$, 吸热	J/kg CO_2	3 768.00
7. 高炉有效容积利用系数		1.10

续　表

设　定　条　件		设　定　值
8. 冶炼强度为 1.0 时 1 kg 碳素的热损失　　kJ/kg，$Z_。$		1 885.00
$Z_。$的选取规则：炼钢铁	1 050～1 465	
铸造铁	1 255～1 675	
特殊铁	1 465～1 885	
9. 设炉尘量　　　　　　　　　　　　　　kg/吨铁		50.00
10. 炉尘中的含碳量　　　　　　　　　　　　%		50.00

6.2.4.2　理论焦比计算

理论焦比的计算过程见表 6 - 18。

表 6 - 18　理论焦比的计算

理　论　焦　比　计　算　项　目	计　算　值
一、溶入生铁的碳量，kg＝C 溶　　kg/tFe	56.22
二、直接还原消耗的碳量，kg/tFe＝C 直	171.30
其中：1. 铁的直接还原耗碳	63.18
2. 铬的直接还原耗碳	62.31
3. 硅的直接还原耗碳	21.43
4. 锰的直接还原耗碳	0.22
5. 磷的直接还原耗碳	0.37
6. 二氧化碳直接还原的耗碳量	23.80
三、到达风口的碳量，kg＝C 风（根据第二热平衡计算）	607.07

1. 收入热量计算

风口前每燃烧 1 kg 碳放出的有效热量，kJ/kg，用 qc' 表示

$qc'＝9\,790＋V 风 \cdot t^t 风 \cdot t 干风－V 煤 \cdot C^t \cdot t 顶－$ $10\,799 \cdot V 风 \cdot f \cdot (1－\eta_H)$	13 141.12

续 表

理 论 焦 比 计 算 项 目	计 算 值
其中： 1 kg 碳发热值/(kJ/kg)	9 790.00
t^t 风,湿风比热容/[kJ/(m³·℃)]	1.42
炉顶干煤气比热容/[kJ/(m³·℃)]	1.38
C^t,炉顶湿煤气比热容/[kJ/(m³·℃)]	1.36
V 风,燃烧 1 kg 碳素所需风量,	4.01
V 煤,燃烧 1 kg 碳素所产生的煤气量,	5.62
10 799,1 m³ 的 H_2O 的分解热/(kJ/m³)	10 799.00
f,鼓风湿度/%	1.00
η_H,氢利用率/%	50.00
t 干风,风温	1 060.00
t 顶,炉顶煤气温度	300.00
2. 热量支出计算	
① 还原支出,忽略高价氧化物间接还原产生的热效应	3 130 437.83
其中： 氢的直接还原度计算	0.05
铁氧化物的还原耗热/kJ	719 034.82
Si,Mn,P,S,Cr,CO_2 的直接还原耗热/kJ	2 378 988.24
脱硫耗热/kJ	32 414.78
② 煤粉分解热/kJ	125 500.00
③ 碳酸盐分解热扣取成渣热/kJ	466 648.47
④ 铁水带走热/kJ	1 300 000.00
⑤ 炉渣带走热/kJ	1 511 191.78
⑥ 热损失/(kJ/吨铁) $q_损=Z_。·Ck/\eta_有*1000$	1 476 469.09
⑦ 扣除炉料带入物理热,只计算混合矿和铬矿的部分/kJ	32 609.18
⑧ 合计热支出	7 977 637.98
3. 到达风口前的碳量,C 风/(kg/吨铁)	607.07
四、炉尘带走焦炭/(kg/吨铁)	25.00
五、高炉理论工程干焦比/(kg/吨铁)	885.07

6.2.5 竖炉冶炼不锈钢母液工业试验初步方案

工业试验初步方案以冶炼含 15%～17.5% 中铬铁水为目标,在运行顺利前提下争取冶炼含铬 20% 左右的铁水。方案共分成六个阶段,总计十天时间,试验计划安排如表 6-19 所示。

表 6-19　试验内容及日程

试验阶段	冶炼铁种	冶炼时间,2000 年 9 月	铬铁产量	消耗铬矿*
1	铸造生铁	1 日零时～3 日 24 时	—	—
2	5　%Cr	4 日零时～5 日 8 时	225 t	48.8 t
3	10　%Cr	5 日 8 时～6 日 24 时	383 t	146.5 t
4	15　%Cr	7 日零时～8 日 24 时	510 t	292.5 t
5	17.5　%Cr	9 日零时～10 日 12 时	383 t	256.3 t
6	20　%Cr	10 日 12 时～10 日 20 时	73.1 t	55.9 t

* 消耗铬矿以利用系数 1 计;铬矿含 Cr=26.96%,收得率按 97% 计。

根据第五章工艺准备实验的研究结果,确定了实际冶炼时四元炉渣 $CaO - SiO_2 - Al_2O_3 - MgO$ 的成分范围为:$Al_2O_3 \approx 17\% \sim 20\%$;$MgO \approx 10\% \sim 15\%$;$R_2 = CaO/SiO_2 = 0.90 \sim 1.0$。为确保工业试验的成功,冶炼时拟通过加入锰矿来调节炉渣渣型,以利于降低终渣的熔点、改善其流动性。终渣的理论熔点设定在 1 400～1 440℃,终渣温度范围:1 540～1 570℃。其他冶炼参数如下:富氧 0%～3%;喷煤量 0～100 kg/tFe;风量 400～750 Nm³/min;喷水后炉顶温度≤400℃。

从冶炼普通炼钢生铁转为冶炼铸造生铁,然后开始逐步提高生铁含铬量,利用高炉配料计算软件得到的各个冶炼阶段的配料计算和热平衡计算分别见附录一中表 6-20～表 6-25,计算时用到的原材料化学成分见表 6-1～表 6-4。

6.2.6 小结

由于冶炼工艺基本相似,可以利用高炉炼铁的工艺计算方法对竖炉冶炼不锈钢母液进行工艺的理论计算,计算结果可以作为冶炼不锈钢母液参考。由于缺乏竖炉冶炼不锈钢母液的冶炼数据,计算中用到的一些冶炼参数借用了高炉冶炼普通炼钢生铁的经验数据,这样就有可能造成计算误差,具体误差要用竖炉型反应器冶炼不锈钢母液时的实际数据进行校正。

在实验室研究和理论计算的基础上制定了竖炉冶炼不锈钢母液的初步试验方案,为工业试验的具体操作制度提供参考依据。

6.3 竖炉冶炼不锈钢母液的工业试验

经过前期的实验室工艺准备实验和工艺计算,并在现场进行了精心的准备,于 2000 年 8—9 月间在宝钢集团上海一钢公司炼铁厂的 1 号高炉(有效容积 255 m³)上进行了竖炉冶炼不锈钢母液的工业试验。

6.3.1 工业试验用高炉状况

工业试验在宝钢集团上海一钢公司炼铁厂的 1 号高炉上进行,有效容积为 255 m³,高炉内型见图 6-2。该高炉已进入炉役末期,炉顶设备磨损导致料钟无法关严,煤气泄漏严重;部分炉壁已经损坏,一些部位要靠外喷水来进行强制冷却。为了保证试验的正常进行,试验前休风

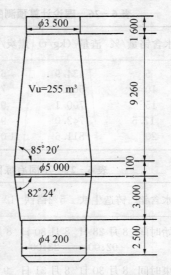

图 6-2 宝钢集团上海一钢公司
炼铁厂 1 号高炉内型

对小钟、热风阀阀座等进行维修;炉顶和料车安装了喷水管。风口由
原来的 φ130 mm 换成 φ100 mm 小直径长风口。

6.3.2 试验阶段及炉料的入炉时间表

表 6-26 是通过理论计算得到的高炉冶炼不同含铬母液时的操
作结果预测值。由于一钢公司不锈钢项目工程建设工期的需要,为
缩短试验周期,在最终安排试验时将原计划中的"10％铬铁水"和
"15％铬铁水"阶段合二为一,改为"12.5％铬铁水"阶段,同时增加含
铬 24％的试验阶段。高炉具体操作时根据含铬量计算了相应的炉料
表作为冶炼操作时的加料单。整个工业试验历时 8 天,分为六个阶
段:铸造生铁——5％铬铁水——12.5％铬铁水——17.5％铬铁
水——20％铬铁水——24.1％铬铁水。不同冶炼目标阶段的炉料入
炉时间见表 6-27。六个阶段的高炉实际操作加料单(一钢公司提
供)详见附录二中表 6-28～表 6-33。

表 6-26 理论计算预测的高炉冶炼不锈钢母液操作指标

铁水含铬量/％	渣量/(kg/t)	焦炭/(kg/t)	煤粉/(kg/t)	备　　注
5	434.9	670	50	1. 富氧率 2％
10	508.1	750	50	2. 风温 1 000℃
15	700.1	920	50	3. 顶温 300℃
17.5	742.0	980	50	
20	811.6	1 060	50	

表 6-27 不同冶炼目标阶段的炉料入炉时间表

铁水含铬	铸造生铁	5％铬铁	12.5％铬铁	17.5％铬铁	20％铬铁	24.1％铬铁
开始时间	8 月 28 日 02:00	8 月 30 日 23:00	8 月 31 日 18:00	9 月 1 日 18:00	9 月 2 日 18:00	9 月 3 日 12:15
结束时间	8 月 30 日 23:00	8 月 31 日 18:00	9 月 1 日 18:00	9 月 2 日 18:00	9 月 3 日 12:00	9 月 5 日 15:00

6.3.3　试验结果

6.3.3.1　数据截取与整理

高炉冶炼是一个连续过程,加入的炉料要经过相当长的时间后才能影响到铁水和炉渣的成分。因此在试验数据整理时必须按照它们的变化规律进行截取,数据的统计是按照下列原则进行整理归类的:

(1)据化验结果,含铬炉料入炉 7 小时后铁水铬含量开始变高。由此推出炉内存积了 52 批料,这 52 批料的体积为 218 m^3;按照 $V=218$ m^3 可推算与出铁炉次相对应的炉料批数;

(2)风量、喷煤量及富氧率按实际下料时间相对应时刻的操作参数统计;

(3)在某一试验阶段,按实际炉料下至炉缸的时间统计出铁炉次、总出铁量以及相对应加入的矿石、焦炭、熔剂等的总量。

6.3.3.2　结果

工业试验各阶段的物料消耗指标见表 6-34。表中的数据是按照各个完整试验阶段进行统计的,只是冶炼铸造生铁时间段选取为 24 小时。表 6-35 为各试验阶段典型的操作参数、产物成分和温度,截取的时间段为各试验阶段铁水成分平稳后 3~5 炉的平均值。

按照既定的试验方案,分阶段逐步提高铁水中的含铬量,除铸造生铁外共生产了 990.3 吨含铬生铁,含铬量最高 21.3%。图 6-3 示出了整个试验期间出铁量和铁水中含铬量逐炉变化的情况,从图 6-3 可以看出,随着铁中含铬量的提高,铁水的出铁量逐炉下降。铁水中其他元素成分的变化趋势见图 6-4。由图 6-4 可知,随着铬含量的升高,[C]、[Si]、[Mn]、[P]的成分都有逐渐提高的趋势,尤其是[Si]的升高趋势较为明显。需要指出的是[S]不随铬含量的升高而升高。

表 6-34　竖炉冶炼不锈钢母液试验物料消耗指标

试验阶段名称	铸造铁	[Cr]=5%	[Cr]=12.5%	[Cr]=17.5%	[Cr]=20%	[Cr]=24.1%
开始装料时间	8.29 0:00	8.30 23:00	8.31 18:00	9.1 18:00	9.2 18:00	9.3 12:15
停止装料时间	8.29 24:00	8.31 18:00	9.1 18:00	9.2 18:00	9.3 12:15	9.4 19:00
日历试验时间/h	24	19	24	24	18	31
休曼风时间/h	0.67	0.00	0.00	0.00	0.00	2.93
实际试验时间/h	23.33	19.00	24.00	24.00	17.75	27.82
矿石累计/t 铬矿	0.00	49.95	119.70	95.80	71.00	128.00
海南矿	66.00	94.50	119.55	79.90	76.00	95.40
南非矿	165.00	121.50	99.80	32.74	10.00	15.90
烧结矿	158.40	128.25	62.80	24.40	0.00	0.00
锰矿	15.84	27.00	30.78	24.84	18.00	28.62
矿石合计/t	405.24	421.20	432.63	257.68	175.00	267.92
白云石/t	26.40	20.25	0.00	1.60	10.00	11.20
石灰石/t	0.00	27.00	71.60	62.10	44.25	65.50
熔剂合计/t	26.40	47.25	71.60	63.70	54.25	76.70
焦炭消耗(湿)/t	184.80	205.35	251.40	261.57	178.71	263.52

续　表

试验阶段名称	铸造铁	[Cr]=5%	[Cr]=12.5%	[Cr]=17.5%	[Cr]=20%	[Cr]=24.1%
累计喷煤数量/t	31.70	30.40	38.40	38.40	32.00	35.60
累计出铁量/t	245.60	286.65	262.55	153.15	116.90	156.30
矿石单耗/(kg/t)	1 544.14	1 469.39	1 647.80	1 682.53	1 497.01	1 714.14
铬矿/(kg/t)	0.00	174.25	455.91	625.53	607.36	818.94
海南矿/(kg/t)	162.87	329.67	455.34	521.71	650.13	610.36
南非矿/(kg/t)	671.82	423.86	380.12	213.78	85.54	101.73
烧结矿/(kg/t)	644.95	447.41	239.19	159.32	0.00	0.00
锰矿/(kg/t)	64.50	94.19	117.23	162.19	153.98	183.11
白云石/(kg/t)	107.49	70.64	0.00	10.45	85.54	71.66
石灰石/(kg/t)	0.00	94.19	272.71	405.48	378.53	419.07
熔剂单耗/(kg/t)	107.49	164.84	272.71	415.93	464.07	490.72
入炉矿比例/%,铬矿	0.00	11.86	27.67	37.18	40.57	47.78
海南矿	9.87	22.44	27.63	31.01	43.43	35.61
南非矿	40.72	28.85	23.07	12.71	5.71	5.93
烧结矿	30.09	30.45	14.52	9.47	0.00	0.00

133

续　表

试验阶段名称	铸造铁	[Cr]=5%	[Cr]=12.5%	[Cr]=17.5%	[Cr]=20%	[Cr]=24.1%
锰矿	3.91	6.41	7.11	9.64	10.29	10.68
干焦比/(kg/t)	707.30	673.00	900.00	1 606.00	1 437.00	1 585.00
煤比/(kg/t)	129.07	106.05	146.26	250.73	273.74	227.77
综合焦比/(kg/t)	804.10	752.54	1 009.69	1 794.05	1 642.30	1 755.83
焦炭冶强/(t/m³·d)	0.70	0.96	0.93	0.96	0.89	0.84
综合冶强/(t/m³·d)	0.80	1.07	1.04	1.08	1.02	0.93
焦炭负荷/(t/t)	2.19	2.05	1.72	0.99	0.98	1.02
矿石中带入 Fe/t	237.57	212.42	184.10	93.29	58.46	81.35
进入铁水中的 Fe/t	253.81	255.99	220.11	118.60	86.23	108.77
铁平衡绝对误差/t	16.24	43.57	36.01	25.31	27.77	27.42
铁平衡相对误差 %	6.84	20.51	19.56	27.13	47.50	33.71
铬矿带入 Cr/t	0.00	12.77	30.60	24.49	18.15	32.72
进入铁水中的 Cr/t	0.00	9.28	22.38	21.59	18.18	29.90
铬平衡绝对误差/t	0.00	-3.49	-8.22	-2.90	0.03	-2.82
铬平衡相对误差 %	0.00	-27.33	-26.86	-11.84	-0.17	-8.62

表 6-35　竖炉冶炼不锈钢母液试验典型的操作参数和结果

试验阶段名称	铸造铁	[Cr]=5%	[Cr]=12.5%	[Cr]=17.5%	[Cr]=20%	[Cr]=24.1%
开始截取数据时间	8.30 5:02	8.31 6:25	9.1 7:16	9.2 4:06	9.2 16:59	9.3 23:40
停止截取数据时间	8.30 14:33	8.31 16:30	9.1 14:59	9.2 16:59	9.3 4:15	9.4 12:10
冷风流量/(Nm³/分)	460~580	600~620	580~610	590~640	580~640	560~460
热风压力/kPa	80~85	82~87	70~90	70~86	63~82	61~79
热风温度/℃	1 090	1 100	1 095	1 130	1 045	1 150
炉顶压力/kPa	18~19	20~23	19~20	12~24.5	14~28	13~27
炉顶温度/℃	200~280	200~350	280~350	450~500	420~580	380~450
富氧率/%	0.31	0.03	0.22	0.43	0.9	0.18
喷煤量/(kg/tFe)	117.4	115	200	267	254	217
铁水成分/% C	4.5	4.83	5.22	4.98	4.98	5.25
Cr	0	4.38	10.71	15.08	15.98	20.02
Mn	1.15	1.55	1.22	1.82	1.91	1.77
Si	1.88	0.91	1.36	1.54	3.61	3.74
S	0.019	0.029	0.023	0.007	0.004	0.005
P	0.1	0.11	0.14	0.115	0.113	0.118
Fe	92.351	88.191	81.327	76.458	73.403	67.817
合计	100	100	100	100	100	100

续 表

试验阶段名称		铸造铁	[Cr]=5%	[Cr]=12.5%	[Cr]=17.5%	[Cr]=20%	[Cr]=24.1%
炉渣成分/%	CaO	40.28	31.33	29.95	30.18	30.5	30.26
	SiO_2	32.34	32.92	34.5	30.93	30.61	29.98
	Al_2O_3	15.79	17.71	17.06	16.57	18.81	22.75
	MgO	6.1	15.05	15.37	14	14.52	15.81
	Cr_2O_3	0	0.2	0.24	0.06	0.25	0.1
	R_2	1.25	0.95	0.87	0.98	1.00	1.01
	R_3	1.43	1.41	1.31	1.43	1.47	1.54
	R_4	0.96	0.92	0.88	0.93	0.91	0.87
铁水温度/℃		1454	1466	1418	1438	1469	1504
炉渣温度/℃			1502	1475	1611	1601	1563
炉顶煤气成分/%	CO_2	未测	11.2	10	5	4.6	6
	CO		30.4	30.2	36	31	35.6
	O_2		0.2	0.2	0.4	0.2	0.2
	CH_4		1	1	2.4	2.6	1.2
	H_2		0.8	1.33	0.8	3.46	0.8
	N_2		56.4	57.27	55.4	58.14	56.2
	合计		100	100	100	100	100
$CO_2/(CO+CO_2)$/%			26.92	24.88	12.20	12.92	14.42
炉尘量/(kg/tFe)		28	15	22	38	31	30

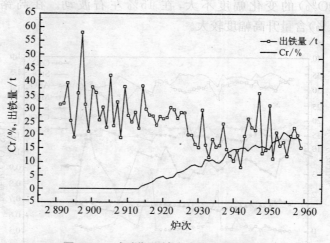

图6-3 试验期间铁水中含铬量的变化

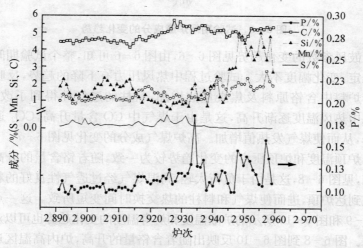

图6-4 试验期间[C]、[Si]、[Mn]、[P]的变化趋势

炉渣成分的变化趋势见图6-5,发现炉渣中(Cr_2O_3%)的含量并不随生铁中铬含量的升高而升高,而是维持在一个较低的水平。渣中（MgO％）的变化幅度不大，在 15％左右波动。在高铬阶段，（Al₂O₃％）含量升高幅度较大。

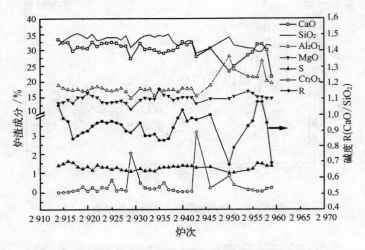

图 6-5　试验期间炉渣成分的变化趋势

鼓风参数的变化趋势见图 6-6，由图 6-6 可知，整个试验期间风量稳定，变化幅度不大。试验过程中热风压力有下降的趋势，反映出随着炉料中含铬原料及焦炭量的增加，料柱的透气性得到了改善。冶炼中热风温度逐渐升高，这是由于煤气中 CO 含量升高，CO₂ 逐渐下降，从而使煤气发热值增加。高炉煤气成分的变化见图 6-7。

炉顶温度和炉顶压力的变化趋势较为一致，随着铬含量的升高而升高，见图 6-8，这是由于负荷太轻，高温煤气经过透气性良好的料柱迅速到达炉顶，进而使煤气和料柱的热交换时间变短所致。这一点从图 6-9 和图 6-10 所示的炉喉温度和炉身温度的变化趋势也可以观察出来。图 6-8 到图 6-10 反映出随着含铬量的升高，炉内高温区逐渐上移。由于在冶炼含铬 20％铁水时焦比降低，因此导致此阶段炉顶温度、炉喉温度和炉顶压力均有所走低。炉身温度由于在 128 h 后测温仪表出现故障而未有记录，后阶段的炉身温度走势出现记录空白。

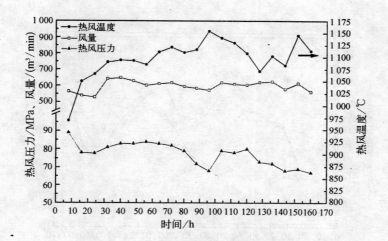

图 6－6　试验期间鼓风参数的变化趋势

注：(2000 年 8 月 29 日 0：00～9 月 5 日 16：00，共 160 h，以每 8 h 平均值统计)

① 0～23 h：铸造生铁；② 23～42 h：5％Cr；③ 42～60 h：12.5％Cr；④ 66～90 h：17.5％Cr；⑤ 90～114 h：20％Cr；⑥ 114～156 h：24.1％Cr

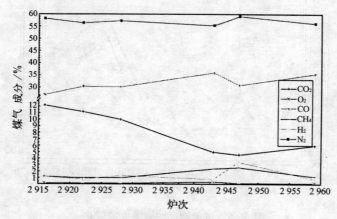

图 6－7　试验期间高炉煤气成分的变化趋势

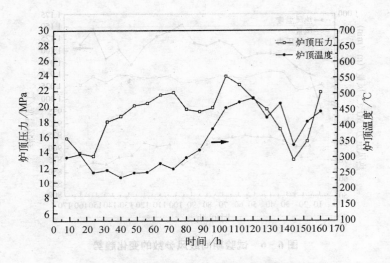

图 6-8 炉顶温度和炉顶压力的变化趋势

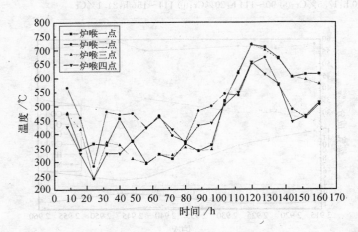

图 6-9 试验期间炉喉温度的变化

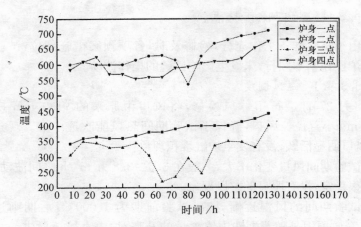

图 6-10　试验期间炉身温度的变化

注:因测温仪表失灵,高炉炉身温度在 128 h 之后未有记录

6.3.3.3　几点说明

● 由于炉内积存铁水的稀释作用,相对应首批含铬炉料的铁水成分其铬含量低于计算值。根据铁水量和成分,推算铁水积存量约为 75 t。

● 整个试验期间原料中加入的总铬量为 118.73 t,铁水中总铬量为 101.33 t,炉渣和炉尘带走的铬量分别是 0.79 t 和 1.56 t,进出铬量相差 15.05 t。根据最终出铁铁水的铬含量,可以推算炉内积存的铁水量约为 82.22 t,此值与先前的推算值吻合。

● 整个试验周期加入原料中的总铁量为 636.23 t,出铁铁水中的总铁量为 789.69 t,产出大于投入 153.46 t。目前对此的唯一解释是由于系统误差所致,其中包括铁矿石的称量误差和化学成分分析误差。

● 正是由于实际加入的铁矿石量大于料单中的配料值,所以出铁铁水的含铬量均小于配料计算值。

6.3.4 炉内操作特点

由于试验准备工作充分,检修及时,各项预案措施到位,试验期间高炉操作基本顺行,未发生影响试验的操作波动。

6.3.4.1 送风制度

8 月 27 日进行了休风检修,将风口由原来的 φ130 mm 换成 φ100 mm小直径长风口,确保了试验期间热风能吹透中心。观察发现,风口明显活跃,没有发生炉缸堆积现象。

试验期间风量变化不大,一般在 3.6～3.8 万 m³/h 之间波动,风压也很稳定,没有明显的憋风现象。

试验期间的风温逐渐升高,试验前期为 1 000℃,后期则达到 1 180℃。原因是随着生铁中铬含量的升高,炉内直接还原进一步发展,间接还原相对减弱,炉内煤气中 CO 含量增加,煤气发热值增大,改善了热风炉的燃烧工况,至使风温逐步升高。

在试验中增加了富氧调节手段,短时期内最高使用的富氧率达 2%,富氧操作可以有效地提高炉缸温度。从试验期间实际测量的渣铁温度来看,采用富氧措施的时段达到了保证渣铁有充足物理热的目的。试验期间送风系统没有因富氧而出现设备故障。但从各阶段平均富氧率数据来看,只在冶炼 20%含铬铁水时最高达到了 0.9%,富氧调节手段的优势并未能得到有效的发挥。

6.3.4.2 装料制度

试验期间的装料采用发展边缘的 K1P1K2P2↓倒装装料制度,确保了高炉料柱的透气性。料线 1～1.8 m,铬铁矿在 P2 中加入,将其布在料柱的中心位置。焦炭和各种矿石的加入按试验前制定的炉料结构装入炉内。在整个试验期间,下料速度均匀稳定,没有出现塌悬料问题,实现了操作顺行。

6.3.4.3 造渣和温度制度

根据在工业试验之前完成的实验室炉渣冶金性能测定结果,确定了试验期间的炉渣成分。从工业试验的操作看,在铁水含铬量

5%～20%的范围内,渣铁均能实现正常分离,渣中 Cr_2O_3 含量较低,仅为 0.06%～0.25%。炉渣从渣口排出到进入水冲渣槽之间的流动性良好,水冲渣操作顺利。通过肉眼观察发现含铬生铁颜色白亮,流动性良好,说明渣铁流动性完全可以满足渣铁排放的要求。

试验期间铁水垄沟中测得的铁水温度为 1 418～1 504℃,离渣口 0.5 m 处测得的渣温为 1 475～1 611℃。垄沟内铁水温度与铁水包铁水温度相差 40～80℃,接铁前铁水包温度越高,铁水包装得越满,其温差越小。将铁水包拉至铸铁车间约 53 分钟,其温降为 40℃。

试验中将 9 月 3 日第 2947 炉次含铬量 15.6% 的 35.86 吨不锈钢母液经转炉进行冶炼后再经连铸和轧钢得到某种牌号的不锈钢板材,实现了不锈钢生产全流程的贯通。该炉次出铁期间三次测量撇渣器后的温度分别是 1 434℃、1 450℃、1 470℃。出完铁后测得铁水包内的温度是 1 412℃,铁水包送到三炼钢转炉平台时,测得铁水包内的温度为 1 400℃。由此可知,出完铁后,在铁水包内撒上保温稻壳可以起到很好的保温效果,从高炉到转炉的铁水温降只有 12℃,此时铁水温度远高于炼钢对铁水温度 1 350℃的要求。因此,高炉可以冶炼出铁水温度符合转炉炼钢要求的不锈钢母液。同时也说明含铬铁水温度在 1 450～1 500℃左右,能很好地满足热送炼钢的要求。

6.3.4.4 脱硫情况

从铁水含硫量可以看出,试验期间铁水的含硫量较低。这是由于铁水温度较高,炉缸内具有良好的脱硫热力学和动力学条件,同时也说明设计的炉渣性能完全能够满足脱硫要求。

6.3.4.5 冷却制度

与冶炼普通炼钢生铁相比,高炉冶炼中铬铁水的冷却制度没有太大的变化,但由于后阶段炉身温度升高,现场采取了炉身中上部炉壁喷水和炉顶喷水措施。

6.3.4.6 热制度和燃料比

由于本次高炉冶炼中铬铁水试验属国内首次,使用的上海一钢公司 1 号高炉也到了炉役末期,炉顶装料设备磨损严重,上料系统故障较多,所以试验首先是确保炉内顺行,炉外渣铁能够顺利排放。根据这一操作指导方针,制定了相对保守的热制度和燃料比,这一点在高铬阶段更加明显。因此,实际操作所选定的焦比远高于理论计算的焦比。

为了给以后正常高炉含铬生铁的冶炼提供操作依据,在试验的绝大多数时间内都向炉内喷吹了煤粉。由于受设备条件限制,所能调节的最小喷吹煤粉量是 1.6 t/h,这个喷吹量在操作上没有遇到任何问题,但无法把这个量调节到更小以适应富氧及炉内的状况。

6.3.5　炉外操作

由于渣量增大和出铁次数减少,操作中采取了勤放上渣的措施,排放上渣操作次数比冶炼普通生铁明显增加。开堵渣口的操作和水冲渣的操作没有出现异常情况。

出铁操作正常,在冶炼高铬铁水时,由于出铁量减少,出铁间隔时间相对延长。而含铬铁水的凝固点高于炼钢生铁,操作中注意了撇渣器的维护以防止撇渣器冻结。试验中采取出完铁后将撇渣器中的残铁舀出一部分,以确保有贯通的铁水通道。另外,出铁结束后,在铁水包内抛洒炭化稻壳以达到保温的目的。

6.3.6　煤气清洗系统

6.3.6.1　炉顶温度

随着铁水含铬量的升高,炉顶温度也逐步升高。从冶炼铸造生铁到铁水含铬 20% 时,炉顶温度从 280℃ 上升到 580℃。主要原因是此次试验采用了相对保守的热制度,焦比过高,料柱透气性良好,加上铬矿的还原基本上是直接还原,生成的高温煤气离开炉缸区域后,一是可以借助于良好的料柱透气性迅速到达炉顶;二是煤气中的 CO无处利用,铁矿石的间接还原消耗的 CO 相对减少。因此,炉缸煤气的物理热和化学热无法和炉内料柱进行有效的能量交换,致使炉顶温度升高。

解决炉顶温度过高问题,在操作上若采用逐渐降低焦比,加大风量,提高富氧率的方法,可以降低一定的炉顶温度。在设备上可以采取相应措施来抵消炉顶温度升高的影响,如采取高压操作,降低煤气的流速;炉顶设备作保温处理;炉顶打水等必要的降温手段,预计可将炉顶温度控制在 400℃ 以下。

从上面的分析来看,炉顶温度不会影响高炉冶炼不锈钢母液的正常生产。

6.3.6.2　炉顶压力

由于料柱透气性较好,致使炉顶煤气压力升高。试验后期,炉顶压力升高,由平时正常的 19～20 kPa 上升到 20～28 kPa。由于试验高炉为常压高炉,当顶压升高时,后面的煤气清洗系统出现不适应的征兆,曾出现几次脱水器水封被击穿现象而被迫进行减压操作。

6.3.6.3　重力除尘器炉尘量

炉顶煤气压力的升高,致使煤气流速加快,重力除尘器的除尘效率降低,使洗涤塔和文氏管的除尘负荷加大。试验期间每 24 小时释放一次重力除尘器积存的炉尘并进行称量。与冶炼普通炼钢生铁相比,试验期间的炉尘量比平时减少约 1/3,而洗涤塔和文氏管的排水水中含尘量却明显升高。除顶压升高的影响外,还与加入原料中石灰石较多,石灰石分解所产生的细粉被吹出有关。

要解决这一问题,最有效的办法是实施高压操作,高压操作可以降低煤气在除尘系统中的流速,从而提高除尘效率。若采用双文氏管除尘工艺,除尘效率可以比试验用除尘系统的除尘效率高得多,而且设备比较简单。

6.3.7　试验结果讨论

6.3.7.1　铬的回收率

铬是重要的战略资源,冶炼时铬的回收率是评价冶炼过程的一个重要指标。

铬在高炉冶炼不锈钢母液过程中有三个去处:铁水、炉渣和炉尘。炉渣量按 700 kg/t 计算,炉渣中含 Cr_2O_3 平均为 0.17%,即整个冶炼阶段渣中铬损失为 794 kg。整个冶炼阶段中收集的炉尘灰总计 26 t,考虑由于炉顶漏气逃逸的炉尘为总量的 20%,则实际高炉排出的炉尘灰为 32.5 t,分析的炉尘灰中含 Cr_2O_3 为 7%,即炉尘带走的铬为 1.556 t。整个冶炼过程的铬平衡见表6-36。

表 6-36 工业试验过程中的金属铬平衡*

铬收入	累计用量/t	Cr/%	带入铬量/t	铬支出	累计产量/t	Cr/%	带出铬量/t
铬矿石	2 681.99	25.56	118.73	铁 水	975.55		101.33**
				炉 渣	682.89	0.116	0.79
				炉 尘	32.5	4.79	1.56
				死铁层	82.33	18.28	15.05
合 计			118.73	合 计			118.73

* 入炉铬矿的累计用量已经扣除了积存在高炉内未反应滴下的部分
** 铁水中带出铬量由每炉铁水中含铬量累计求和得出

因此,计算得知炉渣和炉尘带走的铬量为总加入铬量的 1.98%,则铬的金属回收率为 98.02%。表 6-37 比较了不同冶炼含铬合金过程的铬回收率,数据表明用竖炉冶炼不锈钢母液的回收率最高。

表 6-37 不同冶炼含铬合金工艺的铬回收率比较

冶炼过程	本试验	矿热炉冶炼高碳铬铁	转炉熔融还原生产不锈钢母液(加硅铁还原前)	日本川崎千叶厂 SR - KCB 法铁水含铬 9%~12%
铬的回收率/%	98.02	92~95[10]	85.4[11-12]	91[13-14]

6.3.7.2 冶炼强度和焦比

工业试验期间的焦比远远高于理论计算值,也大大高于历史上高炉冶炼含铬生铁的焦比。究其原因,主要是以下几个方面:

● 竖炉冶炼不锈钢母液的工业试验在国内是首次进行,没有经验可以借鉴,为保证顺行,采取了比较保守的操作方针。而且由于试验周期较短,一旦确定了配料计算,就再无重新调节焦比的时间;

● 使用高炉处于炉役后期,炉顶设备的变形和磨损导致密封不严;炉衬耐火材料的严重侵蚀导致竖炉热损失巨大,从而使焦比升高;

● 受客观条件的限制,本次试验使用的原燃料的选择余地很小;

● 在高炉操作上无法实行上部调节而自始至终采用一种装料制度,富氧和喷煤的能力没有得到有效的利用,且两者之间也没有匹配。

试验的指导方针是首先确保各个冶炼阶段炉况顺行,在铁水含铬量稳定在20%以后,当含铬量达到要求再临时决定提高焦炭负荷,优化操作指标。但在开始实施降焦操作时,高炉煤气管道出现设备故障,并且因一钢不锈钢工程建设迫在眉睫,在不得已情况下提前结束了本次试验。

尽管在本次试验中没有得到合理的冶炼强度和焦比指标,但分析试验期间的原料、设备和操作条件得知,这些试验条件尚未达到最佳。根据现代高炉技术的发展,完全可以在将来的冶炼不锈钢母液的高炉上应用最新的高炉冶炼技术。例如,铬铁矿烧结技术、高压操作技术、在原料选择上可以选择优质的焦炭、操作上可采取大喷煤高富氧技术、提高熟料比、降低铁水含硅量等一系列措施来降低焦比。

根据高炉炼铁理论和工艺实践经验,以实际冶炼含铬20.02%铁水的焦比试验值为基数,预测改善原料和操作条件后降低焦比的效果。这些改进措施包括:原料方面,采用高品位的铁精矿粉加高品位的铬矿粉加生石灰共同造块,同时取消183.11 kg/t的锰矿,计算得知可将熔剂单耗降至50 kg/t、渣量降至800 kg/t以下,同时锰含量可降至0.1以下;应用高炉冶炼低硅生铁的经验,可以将硅含量控制在1.5左右;在一钢公司推荐使用的焦炭种类中,新河焦炭的灰分为10.74%,建议采用;设备方面,建议采用成熟的小高炉小高压技术,将炉顶压力提高到50 kPa;送风制度方面,本试验阶段风温为1 150℃,为1#高炉历史上使用的最高风温,如果采用先进的热风炉设备如霍戈文热风炉,风温应能达到 1 250℃;在对进风装置适当改进后,高炉富氧 4.18％应无问题;试验发现:铬铁高炉的温度场分布和锰铁高炉类似,具有上热下凉的特点,为尽量减少炉缸下部的热支出,有必要采用脱湿鼓风技术,将鼓风湿度从大气平均湿度降至 6 g/m³。经过上述改进之后的操作参数和计算预测的综合焦比列于表6-38。

表 6-38　改进原料和操作条件后冶炼含铬 20％的预计焦比

项　目	试验值	预测值	差值	校正依据[5-9]	影响焦比 /(kg/t)
渣量/(kg/t)	1 144	800	344	每 100 kg/t 影响焦比 20 kg/t	68.8
溶剂/(kg/t)	491	50	441	每 100 kg/t 影响焦比 30 kg/t	132.3
[Si]/％	3.74	1.5	2.24	每 1％影响焦比 40 kg/t	89.6
[Mn]/％	1.77	0.5	1.27	每 1％影响焦比 20 kg/t	33.1
焦炭灰分/％	12.38	10.5	1.88	每 1％影响焦比 2％	66.0
鼓风湿分/(g/m³)	26	6	20	每 1 g/m³ 影响焦比 1 kg/t	10.0
风温/℃	1 150	1 250	100	每 100℃影响焦比 20 kg/t	20.0
炉顶压力/kPa	20	50	30	每 10 kPa 影响焦比 0.5％	26.3
富氧率/％	0.18	4.18	4	每 1％影响焦比 0.5％	35.1
影响焦比合计					481.5
煤比/(kg/t)	227	374.8	147.8*	煤粉置换比 0.75	110.5
焦比/(kg/t)	1 585				
综合焦比/(kg/t)	1 755				
校正干焦比/(kg/t)	992.6				
校正综合焦比/(kg/t)	1 273.7				

注 *:每增加 1 kg/t 喷煤量需补偿风温 2.8℃,100℃风温可增加喷煤 35.7 kg/t;每增加鼓风湿分 1 g/m³ 需补偿风温 9℃,脱湿 10 g/m³ 可增加喷煤 32.1 kg/t;每富氧 1％可以提高喷煤量 20 kg/t,富氧 4％可增加喷煤 80 kg/t,故煤比一共增加 147.8 kg/t。

以试验值为基准,用改进值作焦比校正,校正后的综合焦比为 1 273.7 kg/t。如果采用混装等合理的装料制度和采用高 CSR(焦炭反应后强度)、低硫分的焦炭还会使预测的焦比进一步降低[15]。

历史上,美国 Crucible 钢公司实际冶炼含铬 15.11% 的含铬生铁的焦比为 1 300 kg/t,这是在风温只有 600℃ 的条件下取得的[4];前苏联某 620 m³ 高炉冶炼含铬 18% ~ 20% 的含铬生铁的焦比为 1 004 kg/t[1,2]。理论计算表明,在热损失为 6.39% 时,冶炼含铬 20% 的含铬生铁的理论综合焦比为 1 097.5 kg/t(见表 6-25,煤粉置换比为 0.75),即使将热损失增加到 10%,此时的理论综合焦比也小于 1 137 kg/t,这些数值都低于上面的预测综合焦比,说明预测综合焦比 1 273.7 kg/t 是可信的。

试验期间的冶炼强度较低,冶炼含铬 20.02% 铁水的焦炭冶炼强度为 0.84 t/m³·d,综合冶炼强度为 0.93 t/m³·d。同样地,在对高炉工艺进行优化之后,冶炼强度将可以提高,这是因为:

● 由于冶炼不锈钢母液的焦比相对较高,高炉料柱透气性较好,高炉容易接受风量。

● 按照经验:炉顶压力提高 30~50 kPa 可提高冶炼强度 6%~8%;富氧提高 1% 可以提高冶炼强度 4.76%;冷风流量由 500 Nm³/min 提高到 600 Nm³/min 可以提高冶炼强度 20%,以上三项可以提高冶炼强度 45%,即综合冶炼强度可以从 0.93 提高到 1.348 9 t/m³·d。

● 锰铁高炉的冶炼特点和铬铁高炉的冶炼特点相近,我们可以参考锰铁高炉的冶炼强度指标。表 6-39 是国内外一些高炉的冶炼强度数据,由表中数据可知,锰铁高炉的焦炭冶炼强度平均约为 1.10,如果实施喷煤和富氧,冶炼强度还可以提高。现代普通生铁高炉的综合冶炼强度已经达到 2.0 t/m³·d 水平[16]。

根据上述三点讨论,有理由预测优化后的铬铁高炉的冶炼强度应在 1.11~1.34 t/m³·d 之间。若将铬铁高炉的综合冶炼强度取为 1.273 7 t/m³·d 时,则预测的铬铁高炉有效容积利用系数可达到 1.0。

表 6-39　国内外一些高炉的冶炼强度数据[6-8, 16]

高　　　炉	焦炭冶强/(t/m³·d)	综合冶强/(t/m³·d)
新余 255 m³ 锰铁高炉	1.02~1.10	
捷克锰铁高炉	1.11~1.14	
安阳 300 m³ 生铁高炉		1.73
南 350 m³ 生铁高炉		1.47
三明 2 号 357 m³ 生铁高炉		2.00
宣化 300 m³ 生铁高炉		1.22

预测的有效容积利用系数＝合冶炼强度/校正综合焦比＝
1.273 7/1.273 7＝1.0 t/m³·d

6.3.8　工业试验中存在的问题及解决措施

尽管竖炉型熔融还原方法冶炼不锈钢母液的工业试验首次在我国取得了成功,但试验过程中仍暴露出一些问题,例如高炉设备的改进、工艺操作、原料的选择、母液含磷高等等,对这些问题的研究和探讨,有助于竖炉型熔融还原方法冶炼不锈钢母液新工艺的改进和完善。

6.3.8.1　高炉设备的优化

本次工业试验的高炉处于炉役末期,设备严重老化,例如炉顶设备严重变形,损坏加重,导致炉顶密封不严;炉衬侵蚀严重导致高炉热损失较大;富氧、喷煤调节不顺等等。这些因素也是造成了冶炼不锈钢母液时焦比偏高,技术指标不好的客观原因。

高炉冶炼不锈钢母液的特点是上热下凉,主要是由于铬在炉缸内发生直接还原吸热,而炉内煤气流的能量又未能在高炉上部得到很好的利用。其次冶炼时炉渣量较大,母液量相对较少。这种冶炼特征要求对竖炉型反应器进行优化设计,找到一种特定的高炉内型与之相适应。

试验期间,高炉上部温度明显偏高,相应地,高炉煤气除尘系统应作技术改造。由于炉顶煤气温度较高,干法布袋除尘工艺不适用,可以借鉴目前高炉常用的双文氏管湿法除尘工艺。

炉顶装料可以采用双料钟小高压结构,将炉顶压力提高到 50 kPa。由于上部煤气热值的升高,热风温度得以提高,相应地,可以采用先进的热风炉设备,如霍戈文热风炉,并对送风系统、进风装置进行适当改进,以适应富氧鼓风带来的高温和氧化问题。

为尽量减少炉缸下部的热量支出,有必要采用脱湿鼓风技术,将鼓风湿度降低。对高炉本体及附属设备的优化和改进,将改善竖炉型熔融还原冶炼不锈钢母液的经济技术指标。

6.3.8.2 原料的优化

● 铬矿的选择

本次工业试验从高炉因客观条件所限,铬矿没有选择的余地,使用的是澳大利亚铬矿。该矿含铬量较低(含 Cr_2O_3 仅 38.89%),脉石及杂质成分较高,对竖炉冶炼不锈钢母液而言并不理想。从炼铁的基本理论出发,总的来说,对铬铁矿化学成分要求含铬、铁较高,而脉石成分和其他杂质要尽量少,具体提出如下要求:

① TCr 高——冶炼含铬生铁所需要的主元素;

② TCr+TFe 高——铬铁矿带入的脉石成分低,渣量低,易熔易还原;

③ Cr/Fe 低——在保证 TCr 较高的情况下,该比值低说明 TFe 高;

④ Al_2O_3、MgO 低——添加的熔剂量少,渣量低;

⑤ 杂质元素低——主要是磷含量要低。

从表 3-5 世界上主要出产铬矿地区的铬矿成分来看,可以发现南非的铬铁矿非常适合用于高炉冶炼。由于南非铬矿的主要特征是 TCr 相对较高,而 Cr/Fe 比较低,一般在 1.5 左右,脉石及杂质含量相对较少。矿热炉冶炼铬铁时要求高的 Cr/Fe 比,可以生产高牌号的铬铁,比如含铬 65% 的铬铁,而用南非铬矿生产的铬铁含量为

50％～52％。而生产 15％～20％中铬含量的不锈钢母液适宜使用 TCr 高但 Cr/Fe 比低的铬矿。

本次竖炉型反应器冶炼不锈钢母液所使用的含铬原料是粒度大于 10 mm 的天然块矿。在一般开采得到的原生铬矿中,粒度可以满足高炉直接入炉冶炼要求的那一部分只占总量的 10％～30％,70％～90％的铬矿粉粒度<10 mm,不能直接进入高炉。在国际市场上,块矿的货源少、价格高,而铬矿粉货源相对充足,价格也比块矿便宜许多。南非出产的 Bushveld 复合 UG－2 精矿粉就是性价比比较高的含铬原料[17-18]。另外,高炉在使用块矿时,必须加入 200～500 kg/t铁水的石灰石,石灰石在炉内分解吸热,造成焦比升高,造成母液的成本上升。

解决铬矿粉矿入炉和石灰石直接入炉的措施是使用烧结矿,丁伟中等人[19]进行了“用铬矿粉和含铁原料生产高炉用含铬烧结矿”的发明研究,结果表明:铬铁矿和铁矿粉能够完全互熔,成品率较普通烧结矿高,转鼓指数 58.75％与普通烧结矿 60％的指标接近,低温还原粉化指标为 98.3％,远高于普通烧结矿的 75％,完全可以满足高炉冶炼不锈钢母液时的入炉要求。今后有必要对铬铁矿和铁矿粉混合烧结工艺以及含铬烧结矿的应用进行深入的优化研究。

● 其他冶炼不锈钢母液的原料

在冶炼不锈钢母液时,铁矿石的配入除了一般的高炉冶炼要求以外,为了造渣的需要,要求铁矿石中含 Al_2O_3 低,SiO_2 含量高,我国的海南铁矿是一个不错的选择。

加入锰矿石主要是为了提高炉渣的流动性,但加入锰矿石易造成母液含锰量过高,更不利的是使不锈钢母液含磷过高。工业试验中母液含磷偏高的主要来源就是锰矿带入的,因此,只要能保证炉渣的流动性,最好应不加或尽量少加锰矿。

加入废铁的目的是为了减少渣量,从技术的角度来说,由于竖炉型熔融还原冶炼不锈钢母液时的渣量较大,高炉大量加废铁可以大大地减少渣量,不仅可以降低焦比,而且可以减少铬损。因此,配加废铁冶炼非常有利于竖炉型熔融还原方法冶炼不锈钢母液。

6.3.8.3 母液含磷量高的原因及解决措施

磷在不锈钢中是有害杂质,磷沿晶界偏聚造成晶间腐蚀。不锈钢对磷含量的一般要求是≤0.04%或0.045%[20]。高炉冶炼过程对磷不能控制,原料中的磷将全部进入铁水。而本次工业试验对原材料的磷含量未加控制,是致使母液含磷量较高的主要原因。冶炼出的不锈钢母液(平均含铬15%以上)磷含量为0.11%。分析其原因,以冶炼含铬20.02%母液数据为例,根据物料消耗指标可以算得母液中磷的来源,见表6-40。磷的最大来源是作为熔剂加入的锰矿,占43.5%,另外焦炭占13.3%。因此,要控制磷含量,实际生产中可不采用或极少用锰矿作熔剂,且采取精料操作,例如再选择低磷铁矿及熔剂等原料的话,母液中含磷量有望进一步降低,含磷量完全可得到控制,生产的不锈钢母液可直接进转炉进行吹炼。例如美国Crucible钢厂冶炼的含铬15.1%的铁水,其含磷量只有0.024%[4]。乌克兰用高炉冶炼含铬18%~20%的铁水时,它的含磷也仅为0.028~0.032%[1-2]。

表6-40 冶炼含铬20.02%母液时磷的来源(母液含磷0.118%)

磷 的 来 源	焦炭	煤粉*	铬矿	海南矿	南非矿	锰矿	其他**
带入的磷/(kg/t铁水)	0.157	0.027	0.041	0.122	0.051	0.513	0.269
所占比例/%	13.3	2.3	3.5	10.3	4.3	43.5	22.8

* 煤粉灰分中含磷0.10%

** 包括石灰石、白云石以及炉内死铁区残存铁水中磷被稀释

不锈钢的氧化脱磷技术数十年来一直是国际钢铁界研究开发的重点,虽然尚未有高炉含铬铁水氧化脱磷的实践,但对高炉铁水的预处理脱磷、铬铁矿熔融还原生产不锈钢母液和炼钢环节中氧化脱磷进行了广泛而深入的研究。诸多学者等采用钙、钡基熔剂对中铬铁水进行脱磷,磷在渣金间的分配比较大,脱磷率高[21-26]。另外,由于不锈钢母液的碳含量较高,使得它的脱磷效果远优于低碳或超低碳

不锈钢的脱磷。

因此,实际生产中可以采取双管齐下的方法:采用低磷原料和适度脱磷技术,这样用高炉生产的不锈钢母液完全能满足转炉直接吹炼对磷的要求。

6.3.8.4　富氧率及喷煤量的匹配问题

提高富氧率是高炉强化冶炼的主要手段之一[16]。它可以提高风口区理论燃烧温度和炉缸温度,这对竖炉冶炼不锈钢母液来说是非常有利的。而高炉喷煤量的提高是节焦降低成本的重要手段,但两者有一个匹配问题。当喷煤量增加到一定数量时,未燃烧煤粉逐渐增多,风口理论燃烧温度明显降低,影响高炉炉况顺行。富氧鼓风不仅可以解决大量喷吹煤粉给高炉带来的问题,而且还具有节焦增产、改进高炉操作等综合效益。

试验方案中要求冶炼时富氧率最高达到 2%。而实际试验中富氧率最大仅在冶炼 20%含铬铁水时达 0.9%,其优势未能得到体现。究其原因,富氧率的提高只有在高喷煤量的配合下才会见效,而试验中喷煤系统无法调节,致使喷煤量很低。由于试验时焦比很高,风口区理论燃烧温度和炉缸温度足够,加大富氧率反而易破坏热平衡,引起风压上升,影响操作顺行。因此,竖炉型熔融还原方法冶炼不锈钢母液应重视富氧和喷煤手段的应用,更要注意两者的匹配,这样才能充分发挥其作用。

6.3.8.5　焦比

由于这次试验是我国首次进行的高炉直接冶炼不锈钢母液研究,为确保试验的成功,保证渣铁排放顺利,采取了较为保守的操作方针,将入炉焦比提得很高,这是导致工业试验焦比偏高的主观因素。造成焦比高的原因,除与试验的指导方针有关外,还与客观条件的限制有关。

首先,试验高炉处于炉役末期,炉顶设备的变形和磨损导致密封不严;炉衬耐火材料的严重侵蚀导致高炉热损失巨大;其次,使用的原燃料的选择余地很小;操作上无法实行上部调剂而自始至终采用一种装料制度,富氧和喷煤的能力没有得到有效的利用。

在冶炼含铬 17.5%~24.1% 阶段时,焦比上了一个台阶,太高的焦比,实际上造成大量的碳元素参与对硅的还原。所以,试验后期铁水含硅量居高不下,而含铬量较为稳定。试验期间的高炉顺行,渣铁排放正常,表明试验时的操作方针还留有很大的余地。

尽管试验没有得到合理的焦比数据,但分析试验期间的原料、设备和操作条件得知,这次试验条件并不十分理想。根据现代高炉技术的发展,完全可以在将来的冶炼不锈钢母液的高炉上应用最新的高炉冶炼技术。例如,铬铁矿烧结技术,高压操作技术,在原料选择上采用精料操作、选择优质的矿石和焦炭,操作上可采取高富氧、大喷煤技术、提高熟料比、降低铁水含硅量等一系列措施来降低焦比。借用现代高炉炼铁设备技术原理对竖炉冶炼不锈钢母液过程进行相应的设备改造,有利于进一步提高竖炉冶炼不锈钢母液的经济技术指标。

6.4 本章结论

通过理论分析、详细的工艺计算和现场的精心准备,上海大学与宝钢集团上海一钢公司在 255 m³ 普通高炉上成功实现了冶炼不锈钢母液的工业试验,这是我国首次在竖炉型反应器中成功地进行不锈钢母液的冶炼。试验期间共生产含铬量 5%~21.3% 的不锈钢母液近千吨,铬收得率高达 98.02%,高炉炉况稳定顺行,渣铁排放正常。试验中还将含铬量 15.6% 的 35.86 吨不锈钢母液由转炉冶炼后,再经连铸和轧制加工得到某种不锈钢板材,实现了不锈钢生产全流程的贯通,整个试验达到了预期的目的。试验的成功对将来用竖炉型反应器直接生产不锈钢母液具有重要的实际指导意义,试验中积累的大量现场数据,为竖炉型反应器熔融还原冶炼不锈钢母液新工艺的决策提供了重要的技术和经济指标依据。

在缺乏竖炉冶炼不锈钢母液工艺数据的情况下,借用普通高炉冶炼炼钢生铁的经验数据和高炉炼铁的工艺计算方法,对竖炉冶炼不锈钢母液进行了理论工艺计算,计算结果对竖炉冶炼不锈钢母液的工业试验具有一定的参考价值。

从试验的过程来看,由实验室实验确定的渣型选择是合理的,设计的炉渣中 $CaO/SiO_2 = 0.9 \sim 1.0$;$Al_2O_3 = 17\% \sim 20\%$;$MgO = 10\% \sim 15\%$。实际试验中 $CaO/SiO_2 = 0.87 \sim 1.01$;$Al_2O_3 = 16.57\% \sim 22.75\%$;$MgO = 14\% \sim 15.81\%$,渣温保持在 1 475 ~ 1 611℃之间,说明实验确定的终渣成分能保证炉内高温反应区的温度,终渣在冶炼过程中能与不锈钢母液顺利分离和排放。

试验期间铁水温度在 1 418~1 504℃之间,出铁温度以及铁水运输过程中的温降可以满足转炉炼钢对铁水温度的要求。一般情况下 50 分钟的运输时间测得的温降为 40℃。采用红包、加覆保温剂以及满灌装运,30 分钟的温降仅为 12℃。

试验期间的送风、装料、喷煤制度基本能适应生产不锈钢母液的需要,冶炼过程平稳,没有出现大的波动。

试验中焦比比较高,这是由主客观因素决定的。试验中还存在母液含磷量高、富氧和喷煤手段不够匹配、原料不理想、设备老化等问题,本章对此进行了详细的分析并提出解决措施。根据高炉炼铁理论和工艺实践经验,以实际冶炼含铬 20.02% 铁水的焦比试验值为基数,预测了优化原料和改善操作条件后降低焦比和提高冶炼强度的效果。试验设备经过一定改造后,各种操作手段可以进一步强化,指标改善可以有较大的空间。即使在目前试验条件下,指标优化仍有较大余地,若用现代高炉炼铁冶炼技术和设备应用于冶炼不锈钢母液的高炉,其经济技术指标将会进一步提高。

参考文献

[1] М. Х. Лукашенко, Б. Б. Ивашев. Получение домеnного феррохрома. Сталь, 1944(7 - 8): 3 - 8.

［2］ Г. В. Гайэуков, М. Х. Лукашенко. Доменный феррохром из шлаков шахтных печей, выплавляю щий малоуглеродистый феррохром бесфлюсо вым методом. Сталь，1944（9 - 10）：3 - 7.

［3］ H. Marenbach. Die Erzeugung von Ferrochrom im Hochofen. Stahl und Eisen, 1945,65(5/6)：57 - 64.

［4］ F. C. Langenberg，E. L. Kern, et al. Manufacture Of Stainless Steel in the Top-Blown Oxygen Converter. Blast Furnace and Steel Plant，1967(8)：695 - 701.

［5］ 那树人. 炼铁工艺计算. 北京：冶金工业出版社,1999：1 - 251.

［6］ 成兰伯. 高炉炼铁工艺及计算. 北京：冶金工业出版社,1991：399 - 467.

［7］ 任贵义. 炼铁学（上册）. 北京：冶金工业出版社,1996：344 - 373.

［8］ 东北工学院炼铁教研室. 高炉炼铁（中册）. 北京：冶金工业出版社,1978：98 - 131.

［9］ 王筱留. 钢铁冶金学（炼铁部分）. 北京：冶金工业出版社，1991：152 - 187.

［10］ 杨世明. 对我国铁合金工业发展的几点看法. 铁合金,1999(2)：42 - 47.

［11］ 侯树庭,徐明华,张怀珺,等. 15 吨铁浴熔融还原工业性试验. 钢铁,1995, 30(8)：16 - 21.

［12］ 徐匡迪,蒋国昌,张晓兵,等. 不锈钢母液铁浴熔融还原过程中的铬回收率及母液的氧化脱磷. 金属学报,1998, 34(5)：467 - 472.

［13］ 朱敏之. 日本川崎钢铁公司的不锈钢技术特点. 特殊钢,2001, 22(1)：1 - 5.

［14］ N. Kikuchi，Y. Kishimoto，Y. Nabeshima，H. Take.

Development of High Efficient Stainless Steelmaking Process by the Use of Chromium Ore Smelting Reduction Method，The 8th Japan-China Symposium on Science and Technology of Iron and Steel (Chiba). 12th-13th，1998(11)：96－103.

[15] 傅永宁. 高炉焦炭. 北京：冶金工业出版社,1995：208－213.

[16] 刘云彩. 高炉强化的方法. 钢铁,2003，38(8)：4－8.

[17] 熊大旭. 低铬铁比精矿的预还原及熔炼. 铁合金,1984(4)：56－62.

[18] 蔡君威. 南非铬铁工业最新报道. 铁合金,1985(6)：50－53.

[19] 丁伟中，游锦洲. 用铬矿粉和含铁原料生产高炉用含铬烧结矿. 发明专利,申请号 01105197.3,公开号 CN1313407A.

[20] 《钢铁材料手册》总编辑委员会编著. 钢铁材料手册(第五卷)：不锈钢. 北京：中国标准出版社,2001.

[21] Nakajima Yoshio, Mukai Masato. Effects of Both Flux Compositions and Oxidizing Conditions on the Dephosphorization of High-Chromium Hot Metal by Using CaO－CaF$_2$ Based Fluxes. ISIJ International，1993，33(1)：109－115.

[22] Kawarada Yoshihiro, Kaneko Kyojiro, Sano Nobuo. Dephosphorization of Molten 18% Cr－4% C－Fe Alloy by Alkali Metal Carbonate-Halide Mixtures. Tetsu-To-Hagane/Journal of the Iron and Steel Institute of Japan，1982，68(6)：618－622.

[23] Matsuo Tohru, Ikeda Takami, Kamegawa Kenichi, Sakane Takeyoshi. Dephosphorization of Crude Stainless Steel. Sumitomo Search，1985(31)：13－20.

[24] Yindong Yang, Edstrom John Olof. Phosphorus and Chromium Equilibrium Distribution Between CaO－CaF$_2$ Slags and Fe－Cr－C－P Melts. Scandinavian Journal of Metallurgy，1993，22(5)：246－253.

[25] Matsuo Tohru, Kamegawa Kenichi, Sakane Takeyoshi.

Dephosphorization of Crude Stainless Steel with BaO - Based Flux. Tetsu-To-Hagane/Journal of the Iron and Steel Institute of Japan, 1989, 75(3): 454 - 461.

[26] Kitamura Shin-ya, Aoki Hiroyuki, Okohira Kazuo. Dephosphorization Reaction of Chromium Containing Molten Iron by Cao - Based Flux. ISIJ International, 1994, 34(5): 401 - 407.

第七章 铬铁矿固态还原
机理的实验研究

高炉冶炼不锈钢母液的过程是在含铬炉料与煤气相互逆流运动的过程中完成多种错综复杂交织在一起的化学反应和物理变化。高炉冶炼过程的主要目的是用铬矿石经济而高效率地得到温度和成分合乎要求的液态含铬铁水。为此,一方面要实现矿石中金属元素和氧元素的化学分离——即还原过程;另一方面还要实现已被还原的金属与脉石的物理分离——即熔化与造渣过程。最后控制温度和液态渣铁之间的交互作用得到温度和化学成分合格的含铬铁水。全过程中的物理化学反应是在自上而下的炉料和自下而上的煤气相互紧密接触过程中完成的。

在固体炉料区,主要发生矿石的间接还原、炉料中水分蒸发及受热分解、炉料与煤气间的热交换,而只发生少量的直接还原。固体炉料区的工作状态是决定单位生铁燃料消耗量的关键。

目前,尽管对整个高炉冶炼普通铁水过程的理论研究已经进行得较为深入和系统,而铬矿石固态还原机理的研究也有诸多报道,但至今国内外尚没有用高炉直接生产中铬铁水的厂家。而在配有高比例铁矿的条件下,铬矿在类似高炉上部温度、气氛条件下的还原机理研究还没有相关的报道。因此,鉴于含铬炉料在高炉上部还原对熔化还原的重要影响[1],有必要研究高炉法冶炼不锈钢母液时高炉上部的反应及其机理。

本章将模拟高炉上部较低的温度和气氛条件,研究添加较大量铁矿时对铬矿碳热还原的促进作用,探索能最大限度降低能耗、提高矿石利用率的还原条件,并进一步弄清含铬炉料在熔融滴落前的固态还原机理。

7.1 实验原料及实验装置

7.1.1 实验原料及制样

实验原料主要有铬矿、铁矿、还原剂以及粘结剂。

依照工业试验时的条件,本实验仍主要采用澳大利亚铬铁矿和海南铁矿作为研究的对象。澳大利亚铬铁矿属于易熔但较难还原矿种。为了进行对比研究,增加了难熔但较易还原的伊朗铬铁矿为研究对象。它们的化学成分详见表7-1。

表 7-1 铬矿和铁矿的化学成分/wt%

矿　　种	Cr_2O_3	TFe	FeO	SiO_2	MgO	Al_2O_3	CaO	铬铁比
伊朗铬矿	42.17	9.58	12.32	9.48	21.95	7.6		3.01
澳大利亚铬矿	43.17	15.59	20.06	7.15	12.34	13.38		1.89
海南铁矿		56.25	1.25	16.25	0.28	0.8	0.5	

还原剂采用焦炭和化学纯石墨粉两种。焦炭在工业生产上用得较多,与石墨粉相比,焦炭的孔隙率大和还原性能好。通过两者的比较可选出较适宜用于固体碳还原的还原剂。焦炭化学成分如表7-2所示。

表 7-2 焦炭化学成分/wt%

焦　炭　成　分/%					灰　分　成　分/%				
固定碳	灰分	挥发分	水分	S	SiO_2	Al_2O_3	CaO	FeO	P_2O_5
84.65	11.64	1.00	2.70	0.674	44	36	6	6.5	0.32

为了考察矿粉粒度对还原的影响,在球磨机中将矿石磨细并进行了筛分,实验中选择了三个等级的矿粉粒度,分别为200~250目、150~180目和100~150目。焦炭在使用前先进行了破碎,并用球磨

机磨成细粉,筛选其中粒度为 100～150 目的粉末待用。石墨粉选用平均粒度在 30 μm 以下的化学纯试剂。

矿石粉料和还原剂的混合料在钢模中压制成球团,压制前须添加一定的粘结剂,使球团更加牢固,不易碎裂,以利于还原实验的进行。考虑到混合物料的碱度调节以及粘结性能,实验中采用消石灰($Ca(OH)_2$)作球团的粘结剂。

制样时把各种原料、还原剂及粘结剂在研钵中混合均匀,加入少许的水,在钢模中压制成底面直径为 12 mm,高 10 mm 的圆柱体试样,重约 2.5 g,压制压力为 220 kg/cm²。试样在 110℃下恒温箱中保持 3 h 以去除水分,放入干燥器中保存待用,烘干的球团试样表面未发现有裂纹。

7.1.2 实验装置

本实验是在高温管式电阻炉中完成的,电阻炉额定功率为 2.5 kW,最高工作温度为 1 300℃,采用碳化硅螺旋管为发热体。炉内温度可通过镍铬—镍硅热电偶测量,并由温度控制仪控制炉内温度。当炉温达到设定温度后,控制系统通过 On - Off 方式使其温度恒定,仪表控制精度在±5℃左右。实验装置见图 7 - 1。

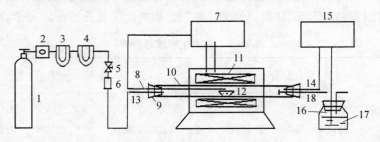

1. 氩气瓶 2. 压力计 3. 硅胶 4. 分子筛 5. 阀门 6. 流量计 7. 温控仪 8. 热电偶
9. 密封塞 10. 刚玉管 11. 加热元件 12. 瓷方舟 13. 进气管 14. 出气管
15. 气相分析质谱仪 16. 溢气瓶 17. 机油 18. 推杆

图 7 - 1 固态还原试验装置示意图

在碳硅管发热体(长 540 mm,内径 42 mm)内放入一根比电阻炉长的纯氧化铝刚玉管,刚玉管长 1 200 mm,内径 32 mm。电阻炉升温时刚玉管的两端温度足够低,能防止密封用橡皮塞因高温软化而造成漏气。实验时将试样放入预先干燥过的瓷舟中,先置于炉口预热,密封体系后,用氩气将刚玉管内的空气驱除干净,并以一定的流量(133 ml/min)使管内保持一定的压力(微正压)。当炉温升至实验所需温度时,把方舟推入恒温区,反应生成的气体通过溢气瓶后排出。

7.2 实验方法及实验方案

7.2.1 恒温带的确定和系统气密性检查

在正式实验前,需测定电阻炉恒温段,试样在还原实验时应该置于该恒温段内。经过测定[2],1 000℃时炉膛温度分布如图 7 - 2 所示,实线点为无气流时的温度分布,虚线点是有氩气流时的温度分布。在通氩气时,恒温带顺气流方向偏移 2 cm。在控温仪将炉温控制在 1 000℃时,刚玉管中间 6 cm 区间段的恒温带平均温度为 993.7±2.6℃,因此,确定的恒温带完全可以满足还原实验的要求。

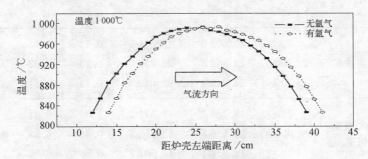

图 7 - 2　1 000℃时炉膛温度分布

系统如果气密性不好,泄漏进去的空气将导致石墨还原剂的燃烧损耗,影响实验的准确性。为了验证系统的气密性,在刚玉管恒温段内单独三次放入石墨粉,在 900℃温度和氩气流速 133 ml/min 下加热 1 h,测得石墨粉平均失重率为 0.43%,仅相当于还原实验混合料中理论含碳量(取 22% 碳含量)的 0.09%。因此,气密性检查表明,实验系统可以有效隔绝反应室内外气氛,密闭性能良好。

7.2.2　原料失重的测定

矿石、还原剂和粘结剂在加热过程中都会失去水分或挥发份,为了减少这些因素对实验结果造成的影响,检测了不同温度和氩气气氛下(氩气流量为 133 ml/min)各种原料的失重,原料恒温时间均为 25 min,测定前所有原料均在烘箱中 110℃ 下保持了 3 h。测定结果如表 7-3 所示。

表 7-3　原料失重率测定结果

原　料	实验温度 /℃	加热前重量 /g	加热后重量 /g	失重 /g	失重率 /%	平均值 /%
消石灰	600	4.273 7	3.219 7	1.05	24.66	24.66
焦　炭	700	3.184 3	3.162 0	0.02	0.70	1.01
	900	7.966 3	7.886 3	0.08	0.98	
	1 100	2.482 8	2.449 6	0.03	1.34	
海南铁矿	700	20.003 0	19.871 5	0.13	0.66	0.75
	900	22.442 8	22.279 0	0.16	0.73	
	1 100	22.243 3	22.049 3	0.19	0.87	
澳大利亚铬矿	700	15.388 4	14.371 2	1.02	6.61	6.79
	900	13.690 3	12.755 3	0.94	6.83	
	1 100	12.357 1	11.501 7	0.86	6.92	
伊朗铬矿	700	18.678 0	17.351 5	1.33	7.10	7.23
	900	17.650 7	16.348 6	1.30	7.38	
	1 100	16.954 1	15.733 7	1.22	7.20	

消石灰加热分解的理论失重率为 24.32%,实验测定值与理论值相差 0.34%。消石灰加热到 600℃时已完全分解,测定数据显示,随温度升高消石灰失重率稳定在 24.66%,600℃以上消石灰的失重均以 24.66% 计算。矿石原料分别测定了 700℃、900℃和 1 100℃下的失重率,温度越高,其失重率略大,但三种温度下相差很小。为了还原实验的计算方便,以它们在三种温度下的平均值作原料失重的参考。

7.2.3 实验步骤

Ⅰ、用橡皮塞密封刚玉管的两端,橡皮塞中的细刚玉管与氩气瓶阀门相通;

Ⅱ、打开气瓶阀门,向炉管内通入氩气,流量控制为 300 ml/min,驱赶管内残余空气,最后流量保持在 133 ml/min,使炉内保持微正压;

Ⅲ、设定好实验温度,按 20℃/min 的升温速度开始升温;

Ⅳ、当炉体达到设定温度以后,进行保温;

Ⅴ、将经过称重的试样放入炉膛中温区预热 5 min,然后推入恒温段中,放试样时气流量调至 300 ml/min,然后调至 133 ml/min 并保持;

Ⅵ、当达到实验要求的保温时间以后,氩气流量调至 300 ml/min,移出的试样先放在炉口冷却,最后进行称量;

Ⅶ、实验中采用气相质谱仪进行测量时,只需在原有装置基础上,将还原产生的气体通过气相分析质谱仪,对气相成分进行检测。

7.2.4 实验方案的设计

实验方案的设计主要考虑了温度、矿石粒度、铬矿/铁矿比、碳含量以及不同还原剂对铬矿固态还原的影响,具体方案见表 7-4。

表 7 - 4 铬矿固态还原实验方案

试样编号	配碳比	矿种及比例	还原剂	矿石粒度	还原剂粒度	矿/%	消石灰/%	还原剂/%	球团含碳量/%
A1	1.1	澳矿:海南铁矿=2:5	焦炭	150~180 目	100~150 目	100	20	26	15.14
A2	1.1	澳矿:海南铁矿=1:5	焦炭	150~180 目	100~150 目	100	20	27	15.61
A3	1.1	澳矿:海南铁矿=3:5	焦炭	150~180 目	100~150 目	100	20	25	14.66
C1	1.0	澳矿:海南铁矿=2:5	焦炭	150~180 目	100~150 目	100	20	23.5	13.92
C2	0.5	澳矿:海南铁矿=2:5	焦炭	150~180 目	100~150 目	100	20	11.75	7.58
C3	1.5	澳矿:海南铁矿=2:5	焦炭	150~180 目	100~150 目	100	20	35.25	19.30
L1	1.1	澳矿:海南铁矿=2:5	焦炭	200~250 目	100~150 目	100	20	26	15.14
L2	1.1	澳矿:海南铁矿=2:5	焦炭	100~150 目	100~150 目	100	20	26	15.14
Y	1.1	伊矿:海南铁矿=2:5	焦炭	150~180 目	100~150 目	100	20	26	15.14
T	1.1	海南铁矿	焦炭	150~180 目	100~150 目	100	20	28.46	16.29
Q	1.1	澳矿	石墨	150~180 目	-30 μm	100	0	16	13.79
S	1.1	澳矿:海南铁矿=2:5	石墨	150~180 目	-30 μm	100	20	22	15.49

注：编号 A 表示澳大利亚铬矿和海南铁矿不同的比例;L 表示不同的粒度;C 表示不同配碳量;Y 表示伊朗矿和海南铁矿的混合球团;T 表示纯海南铁矿球团;Q 表示澳大利亚铬矿和海南铁矿的球团;S 表示澳大利亚铬矿和海南铁矿的混合球团中加入了石墨还原剂。

表中配碳比是指实际配碳量与按试样中氧化铁、氧化铬完全还原成碳化物 Fe_3C 和 Cr_7C_3 进行计算的理论配碳量之比,各反应化学方程式如下:

$$Fe_2O_3 + C = 2FeO + CO(g) \qquad (7-1)$$

$$3FeO + 4C = Fe_3C + 3CO(g) \qquad (7-2)$$

$$7Cr_2O_3 + 27C = 2Cr_7C_3 + 21CO(g) \qquad (7-3)$$

计算出每 100 克伊朗铬矿、海南铁矿、澳铬矿理论配碳量分别为 15.58 克、21.99 克、17.60 克,不同配比的矿石生铁含铬量和理论配碳量见表 7-5。

表 7-5　不同配比的矿石生铁含铬量和理论配碳量

铬矿种类	铬矿：铁矿	生铁铬含量/%	理论配碳量/%
伊朗铬矿	1：5	8.97	20.92
	2：5	16.03	20.16
	3：5	21.70	19.59
澳大利亚铬矿	1：5	9.05	21.26
	2：5	15.90	20.74
	3：5	21.26	20.34

高炉冶炼含铬铁水的工业试验表明:高炉上部存在大量的氮气,Pco 要低于 1 atm(在 0.3～0.36 atm 之间)。为模拟高炉内的气氛,实验中使用氩气代替氮气作为实验时的载气。

7.2.5　还原率的测定方法

实验室测定矿石还原率的研究大多采用热天平重量分析法,在恒温下连续测量还原反应质量变化与时间的关系,以获得还原动力学参数[3-4]。此方法的优点在于它可进行连续测量。

除热天平重量分析法外,还可以采用反应气体分析法。这类测定又可分为两种方法,一种是直接测量气相组元的浓度,再辅以气体流量计的计量就可以转换成 mol 累计量。红外吸收、气相色谱和本次实验采用的气相质谱分析都属于这一系列,这类方法所测得的实验数据准确度高。另一种是气体吸收法,在进行气体吸收前要预先知道待测气体的气相组成,针对不同的气体采用不同的吸收剂,其特点是经济易行,但精确度较差。

本实验采用了气相分析质谱仪(HPR - 20)进行测定,球团还原率按下式计算:

$$R_。= \frac{过程中还原失去的氧量}{球团中铬、铁氧化物的氧量} \times 100\% \qquad (7-4)$$

气相质谱仪在线检测试样还原时的气体浓度,平均 1.2 s 记录一个数据,采集的数据输入 Excel 表格软件,然后可以方便地分别算出 CO、CO_2、Ar 的体积百分含量,并根据氩气进气流量(固定为 133 ml/min)就可以计算逸出气体的总流量,再由计算出的各种气体的体积百分含量就可以算出 CO 和 CO_2 的累积气体体积,换算成标准状态下的摩尔数,累积失氧量为 CO 和 CO_2 氧原子摩尔数之和,即为还原过程中失去的总氧量。

在气相分析的同时,还原前后的试样用电光分析天平进行称重,得到的失重也可以用来判断还原的效果。称重法还原率的检测用下式计算:

$$R = \frac{W_o - W - \delta}{W_o \cdot A} \times 100\% \qquad (7-5)$$

其中 W_o、W 分别为试样预还原前后的重量(g)。δ 为矿石中结晶水分解、$Ca(OH)_2$ 分解失水和焦炭挥发份导致的失重(g)。A 为试样中 FeO、Fe_2O_3、Cr_2O_3 全部还原时的重量减少率,若还原放出的气体主要为二氧化碳,A 值为 a;若还原放出的气体主要为一氧化碳,A 值为 b。a 和 b 值见表 7-6。

表7-6　球团理论失重率

试样编号		A1、L	A2	A3	C1	C2	C3	Y	Q	T	S
A	a	0.20	0.21	0.20	0.21	0.23	0.20	0.20	0.20	0.22	0.21
	b	0.26	0.27	0.26	0.27	0.29	0.25	0.26	0.25	0.28	0.27

7.3　结果及讨论

7.3.1　实验结果

　　试样是在高温管式电阻炉中进行还原实验的,载气为氩气,流量为133 ml/min,实验温度范围为600～1 300℃。通过计算得知[2],球团内外温度达到一致需要一定的时间,1 000℃炉温时,球团中心温度达到设定炉温需3.8 min。结合预备实验,确定还原实验的保温时间为25 min,此时能保证球团基本得到还原。试样还原前后重量变化以及分别用失重法和气体分析法计算出的试样还原率列于表7-7。用气相质谱仪检测出部分试样还原过程中气体成分的变化如图7-3所示。

表7-7　球团还原实验结果

试样编号		还原温度/℃	试样重(Wo)/g	失重(Wo—W)/g	δ/g	$R = \dfrac{W_o - W - \delta}{W_o \cdot A} \times 100\%$ (失重法)/%	Ro(气体分析法)/%
A1	A11	700	5.062 8	0.224 8	0.052 5Wo	—4.06	
	A12	800	4.351 6	0.288 0	0.052 5Wo	6.85	
	A13	900	4.650 6	0.483 0	0.052 5Wo	25.69	43.06
	A14	1 000	4.212 0	1.018 2	0.052 5Wo	94.62/59.23*	66.37
	A15	1 100	4.651 7	1.233 6	0.052 5Wo	80.70	83.90
	A16	1 150	4.331 5	1.256 7	0.052 5Wo	90.21	86.85
	A17	1 200	4.315 8	1.287 9	0.052 5Wo	93.36	
	A18	1 300	4.379 1	1.459 2	0.052 5Wo	106.58	

续　表

试样编号		还原温度/℃	试样重(Wo)/g	失重(Wo−W)/g	δ/g	$R=\dfrac{W_o-W-\delta}{W_o \cdot A}\times 100\%$（失重法）/%	R_o（气体分析法）/%
A2		1 100	5.479 3	1.620 4	0.047 2Wo	91.41	90.96
A3		1 100	4.002 7	1.017 5	0.056 5Wo	76.87	75.04
C	C1	1 100	4.822 5	1.322 1	0.053 3Wo	82.44	83.46
	C2	1 100	4.754 7	1.074 6	0.091 8Wo	45.99	65.98
	C3	1 100	4.654 6	1.200 4	0.041 6Wo	87.36	88.46
L	L1	1 100	4.265 4	1.164 2	0.052 5Wo	83.97	84.38
	L2	1 100	5.400 0	1.346 0	0.052 5Wo	74.70	70.48
Y	Y1	900	4.208 2	0.412 0	0.053 0Wo	22.45	
	Y2	1 000	4.155 3	0.817 5	0.053 0Wo	71.96/54.60*	
	Y3	1 100	4.207 6	1.096 4	0.053 0Wo	78.74	80.36
T	T1	600	4.553 3	0.131 1	0.040 2Wo	−5.18	
	T2	700	4.984 4	0.219 8	0.040 2Wo	1.78	
	T3	800	5.203 6	0.340 3	0.040 2Wo	11.46	
	T4	900	4.655 1	0.569 1	0.040 2Wo	37.3	
	T5	1 000	5.391 2	1.710 6	0.040 2Wo	125.96/98.96*	
	T6	1 100	4.159 1	1.330 9	0.040 2Wo	99.93	
	T7	1 150	5.315 0	1.766 8	0.040 2Wo	104.36	
Q		1 100	4.039 7	0.277 6	0.058 6Wo	4.02	10.61
S	S1	900	4.189 6	0.413 2	0.052 3Wo	22.06	
	S2	1 000	4.225 6	0.882 7	0.052 3Wo	94.24/57.87*	
	S3	1 100	4.254 0	1.060 9	0.052 3Wo	72.90	66.71

  Boubouard 反应是固体碳作为还原剂时最主要的反应之一,根据总压为 1 atm 下 CO％与温度的关系[5],可以知道在温度大于或等于 1 000℃时,气相中的 CO％几乎为 100％。所以在表 7 - 7 中以失重法计算还原率时,温度等于或低于 1 000℃时可以以还原产物为 CO_2 来计算还原率,温度高于 1 000℃时以还原产物为 CO 来计算还原率。表 7 - 7 中带 ＊ 号的数据表示分别以两种还原产物来计算的还原率。

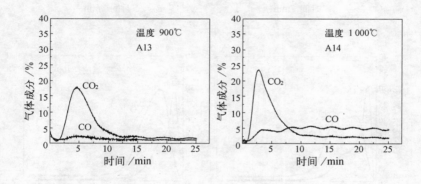

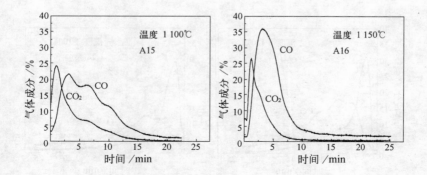

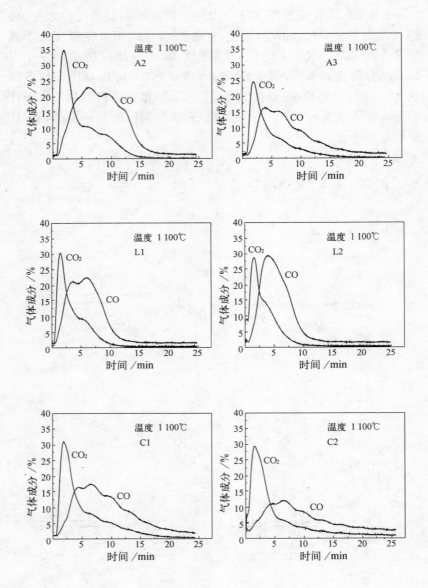

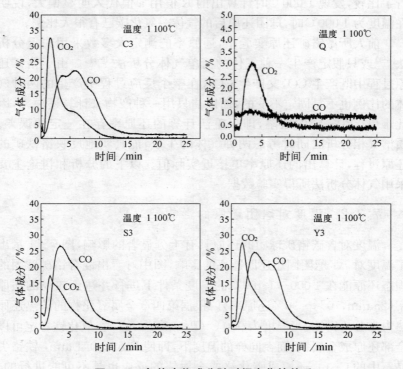

图 7 - 3 气体产物成分随时间变化的关系

由图 7 - 3 可发现采用气相质谱仪进行铬铁矿球团还原率的测定时,逸出 CO 和 CO_2 两种气体,而且总是先逸出 CO_2 气体,然后才有 CO 气体的生成。这是由于球团的热传递需要一定的时间,在 1 000℃ 炉温时,球团中心达到恒温时需要 3.8 min。因此,还原反应随着温度的变化,气体成分也会随之产生变化,低温下(<1 000℃),还原产物中主要是 CO_2 气体。在较高温度下还原产物主要是 CO,但仍然有较大部分的 CO_2 放出。

另外,用失重法计算还原率时,在温度等于或低于 1 000℃ 时 A 的值取 a,高于 1 000℃ 时 A 的值取 b。在 1 000℃ 时同时取 a 和 b 进行了比较,发现 1 000℃时计算出的 R 值用 a 值代入明显偏大,说明在温度为 1 000℃时,球团还原后的气体一氧化碳已有很大比例。

前人所做铬矿还原实验中,还原率的测定大多数采用失重分析法[6-9]或只假定产生一种气体的简单气体分析法[10-11]。由于铬矿还原过程中既产生 CO,又产生 CO_2,在整个反应过程中产生的两种气体的比例也不是固定不变的,而以往只用一种产物来计算还原率,因此难免存在一定的缺陷,即失重法计算的还原率存在一定的误差。质谱气相分析法同时考虑两种气体的生成,能真实地反映铬铁矿的还原过程,计算出的还原率更接近实际值。以下的分析和讨论主要采用气体分析法所得实验数据。

7.3.2 温度对球团还原的影响

温度对含碳铬矿球团的还原具有十分显著的影响,图 7-4 示出了温度对 A1 球团固态还原速率的影响,图中可看出混合铬矿球团的固态还原能在 1 000~1 100℃的温度条件下进行并达到较高的还原率(25 min,70%~90%还原率)。根据第四章金属氧化物的碳热还原热力学分析得知,当温度为 900℃ (Pco = 1 atm) 时,氧化铁肯定可以全部还原成金属铁,而在同样的温度下,即使 Pco = 0.1 atm,铁铬尖晶石中的 Cr_2O_3 还原成碳化铬或金属铬的反应也是不可能进行的。根据实际的实验条件,由于载气稀释作用,A1 球团实验过程中的平均 Pco = 0.08 atm,由第四章表 4-1 中 25、27、30 和 34 式可知,在 Pco = 0.1 atm,温度分别为 1 002℃、1 011℃、1 038℃和 1 094℃时才可能有 Cr_3C_2、Cr_7C_3、$Cr_{23}C_6$ 和金属铬的产生。

A1 球团中所有铁氧化物完全还原时的理论还原率为 84.6%,此数值与 A1 在 1 100℃、25 min 时的还原率相当。对于 1 100℃和 1 150℃形成的还原率平台,此时主要是完成了球团中所含铁氧化物的还原,因为温度似乎还没有高到能将铁铬尖晶石中的铬氧化物全部还原出来。Kekkonen 与 Holappa 等人[12-13]曾研究了固态下 CO 对铬铁矿球团和块矿的还原,并比较了球团或块矿无碳和有碳情况下的还原度以及还原出来的金属中铁、铬含量,结果证实在 1 420～1 595℃温度区域,即使铬铁球团或块矿无碳时,CO 气体对它们的还原能顺利进行,但总体的还原度很难超过 40%。温度越高球团或块矿的外层区域还原出来的铬金属越多,而中间层或内部区域则主要是铁的还原,铬的还原较少。而在 Katayama[6] 等给出的铁铬尖晶石的还原规律中发现,在 1 180℃下 180 min 内还原率可达 100%,而 1 150℃时 180 min 内还原率则能达到 95%。由此可见,在本实验中,1 150℃时 25 min 内还难以将铁铬尖晶石中的铬氧化物还原。

图 7-4 中还原率随温度的提高和还原时间的延长逐渐增加。在高速反应期,还原速度最大,高速反应期区间随温度的提高而缩短;反应后期,还原反应趋缓,还原率变化不大。温度小于 1 000℃条件时,反应速度也有较快的阶段,这相应于 Fe_xO_y 被碳还原的过程:

$$Fe_3O_4 \longrightarrow FeO \longrightarrow Fe$$

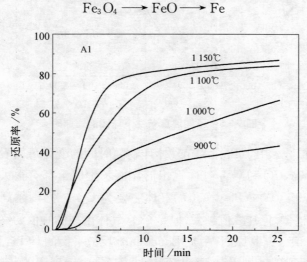

图 7-4　温度对焦炭固态还原含铬混合球团的影响

同时,对 A1 球团和纯铁矿在不同温度条件下的还原率进行了比较(失重法),如图 7-5 所示。由图可见,在同样的温度下,纯铁矿还原程度较高。由图还可知,在 1 100℃时,纯铁矿已能全部还原,而随着温度的升高和时间的延长,A1 球团由氧化铬会逐步得到还原,A1 还原率会有所增加,不过增加值不多。这是因为此温度条件下氧化铬的还原率不高。Lekatou 和 Walker[10] 在氩气气氛中 1 100℃保温 90 min 用碳还原希腊铬铁矿时得到的还原率也只有 8.27%。

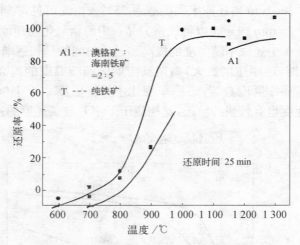

图 7-5 不同温度条件下球团的还原率

从图 7-3 中 A13~A16 气体产物随时间的变化可以看到,随着温度的升高,CO 和 CO_2 气体逸出的比例及生成量都有很大的变化。温度不高于 1 000℃时,逸出的气体主要为 CO_2。温度越高,生成的 CO 气体越多,且其峰值越大,但是 CO_2 气体出现的峰值始终早于 CO 气体的峰值。究其原因,一是 Boudouard 反应平衡的 CO 含量随着温度的升高而增加,即 P_{CO}/P_{CO_2} 值增大。二是由于球团的传热需要一定的时间,在升温的过程中,当温度低于 1 000℃,产生的气体主要是 CO_2,而温度高于 1 000℃时,主要以 CO 气体为主。球团中心达到炉膛温度的时间是设定炉温的函数,设定炉温越高,则所需时间越短。

所以,设定温度不同,CO_2 气体出现峰值的时间也不同。炉温越高,则 CO_2 气体出现的峰值的时间越短。

　　温度对含碳铬矿球团还原的显著影响也可以从还原后试样的矿相照片中得到反映,图 7-6 是 A1 球团在不同温度下还原后的矿相照片。700℃时,矿物形态没有明显的变化,几乎没有发现明显的金属产生。800℃时能观察到少量金属颗粒(照片中的白色物),此时应该是球团中的铁矿石首先得到还原。随着温度的升高,生成的金属物逐渐增多,并形成聚集状态,而矿物颗粒逐渐缩小,从 900℃ 和 1 000℃时的试样照片中可以观察到。1 100℃时的试样中可发现金属颗粒的进一步聚集长大,而 1 300℃时试样中形成了较大的金属颗粒。由此可见,温度对含碳铬矿球团还原有着极其显著的影响。

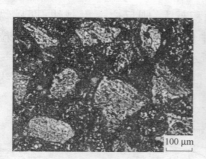

A 700℃ 没有明显的金属产生

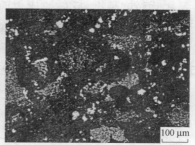

B 800℃ 少量金属 (白点)

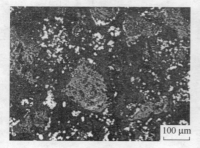

C 900℃ 金属颗粒增多

D 1 000℃ 金属颗粒增多并逐渐聚集

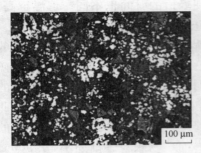 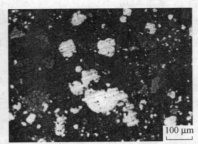

E 1 100℃ 金属聚集长大　　　　　　F 1 300℃ 金属呈现大颗粒状

图 7 - 6　不同温度下 A1 球团还原的矿相照片

7.3.3　矿物颗粒尺寸对球团还原的影响

矿物粒度越小,反应的比表面积越大,则反应速度越快,即矿物颗粒粒度越小还原率越高。实验中比较了 1 100℃时,三种不同颗粒粒度对还原率的影响,如图 7 - 7 所示。粒度为 150～180 目和 200～250 目的两种混合矿比 100～150 目的混合矿的最终还原率提高约

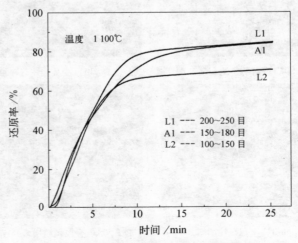

图 7 - 7　矿物粒度对球团还原率的影响

11%。从图中可以看出：粒度的影响主要反映在到达终点的时间。而粒度为 150～180 目和 200～250 目试样的最终还原率差不多，也就是说过细的矿石颗粒并不能有效地提高球团的还原率，而且粒度过小将增加含碳铬矿球团的制造成本。

Vazarlis 等[14]对各种铬铁矿曾做过类似的实验，1 400℃下用不同粒度的焦炭还原剂和不同粒度的铬矿分别进行还原实验，保温 20 min的实验结果也得到了同样的结论，即反应物颗粒粒度越细，还原率越高。

7.3.4 不同还原剂对球团还原的影响

在矿物组成相同的情况下，进行了 1 100℃时添加不同还原剂的还原实验，还原剂分别采用焦炭和石墨，结果如图 7-8 所示。结果显示在高速反应期，球团的还原速度接近，但配加焦炭时的终点还原率明显高于配加石墨的。用石墨作还原剂时的球团还原率仅为66.7%，而使用焦炭作还原剂的球团还原率可以达到 83.9%，两者相差 17.2%。为了进一步证实不同还原剂对铬矿球团还原的影响，还

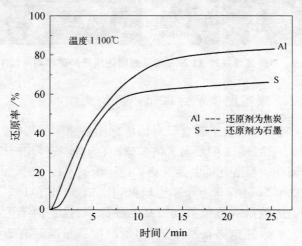

图 7-8 还原剂对球团还原的影响

比较了含两种还原剂的球团分别在 900℃和 1 000℃下的还原实验，结果与 1 100℃时的情况类似。

还原剂对铬矿球团还原的影响可用它们内部结构的不同来解释。焦炭比较疏松而石墨比较紧密，由于还原过程主要是由气体作为媒介的，反映到 Boudouard 反应中，即造成石墨的气化反应速度低于焦炭。而且石墨孔隙率小，气相反应的表面积小，不利于气体反应产物的输送和扩散，因此还原效果不如焦炭好。

前人做过许多有关各种还原剂对铬矿还原的实验，一般均认为焦炭的综合性能为最佳[15]。1 100℃时不同还原剂对 A1 与 S 编号球团还原后的矿相照片如图 7-9 所示，很明显地可以看出，采用焦炭还原的试样中产生的金属较多，并且金属的聚集程度也较高。

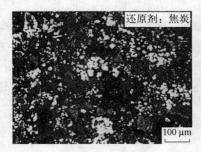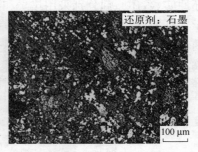

图 7-9　不同还原剂对 A1 和 S 编号球团还原后的矿相照片(1 100℃)

7.3.5　球团配碳量对球团还原的影响

在 1 100℃时考察了碳含量对铬矿球团还原率的影响，其结果示于图 7-10。图 7-11 中示出了铬矿球团在其他条件相同情况下，还原率随球团配碳量变化的关系。铬矿球团配碳量较低时，如 0.5 倍理论配碳量的 C2 试样，其还原率也较低，比 A1 降低了 18％。而碳含量高于理论配碳量时可望得到较高的还原率，这是由于生成铬碳化物的反应比生成纯金属铬易于进行，所以配碳量高时有望获得较高的还原率。但是，在碳含量高于理论配碳量时，配碳量对终点还原率的影响逐步减小。如图 7 - 11 所示,配碳量大于 1.2 后,球团还原率的增加趋缓。

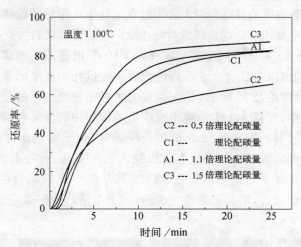

图 7 - 10　球团配碳量对还原率的影响

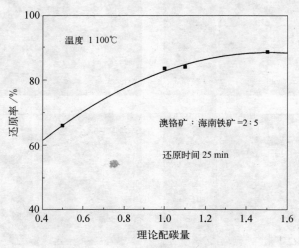

图 7 - 11　还原率与球团配碳量的关系

    Lekatou 等[7]用石墨还原希腊铬铁矿时,在 1 200℃以上研究了碳含量对铬铁矿还原的影响,指出在每个温度下有一个最适合的配碳量,并且它随着温度的升高而增大。不过在工业生产中球团配碳量还要受到球团强度及还原后剩余碳量对终还原影响等诸因素的约束。

    图 7 - 12 对含不同配碳量试样在 1 100℃时还原后的矿相进行了比较,我们可以看到含 0.5 倍理论配碳量的试样中还原出来的金属明显较少,含理论及 1.1 倍理论配碳量的试样中还原出来的金属较多且相对更集中,而且含 1.1 倍理论配碳量的试样中的金属有聚集长大的趋势。但过量的配碳量(1.5 倍理论配碳量)似乎对铬矿球团的还原并没有更大的效果。从这点上可以映证 A. Lekatou 等人的观点,即对含碳铬矿球团的还原,在一定温度下存在一个最适合的含碳量。对本次实验而言,略高于理论配碳量(如 1.1 倍理论配碳量)时的球团还原率更大。

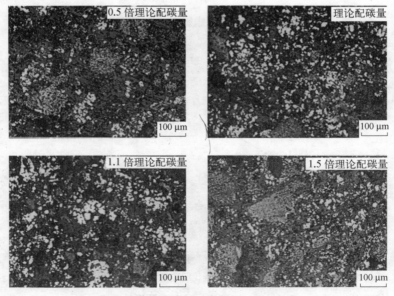

图 7 - 12　含不同配碳量试样还原后的矿相照片(1 100℃)

7.3.6 不同矿石比对还原的影响

铬矿石中含有较高的难熔氧化物,热力学分析得知铬矿石较铁矿石还原需要更高的温度,因此矿石中低的 Cr/Fe 比,低的氧化镁和氧化铝含量将更有利于铬矿石的还原。在本实验中,由于添加了大量的铁矿石,它究竟对含碳铬矿球团的还原有什么影响呢? 在 1 100℃下,比较了不同铬矿/铁矿比的球团还原情况,结果如图 7 - 13 所示。我们可以看到:不添加铁矿的纯澳大利亚铬矿被固体碳还原时的还原率最低,25 min 只有 10％的还原率;而添加铁矿石则有助于铬矿球团的还原,铁矿加入量越多,球团的还原率也越高,铬矿/铁矿比为 1/5 的 A2 试样的还原率可高达近 91％。相当于冶炼含铬 21％的不锈钢母液的 A3 球团试样,在 1 100℃时,也可以达到 75％的还原率。在不同矿物比例球团试样 1 100℃还原后的矿相照片中(见图 7 - 14)也可以很明显地看到,不添加铁矿的纯澳大利亚铬矿的试样中很难用肉眼观察到还原出来的金属颗粒,而添加的铁矿越多,还原出来的金属也较多,并且聚集的金属颗粒更大,但较难观察到铬矿颗粒被

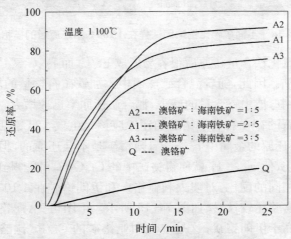

图 7 - 13 矿物比例对含碳球团还原的影响

直接还原的迹象。图中还可以观察到铬矿/铁矿比为 1/5 的试样中大铬矿颗粒边沿有被还原形成的金属环,说明提高铁矿的配比能有效促进铬矿的还原。

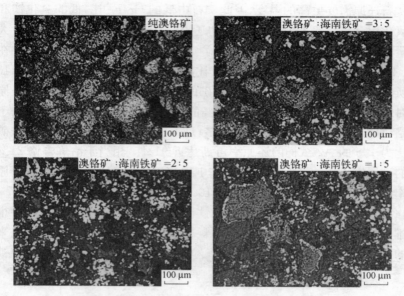

图 7 - 14 不同矿物比例球团试样在 1 100℃下还原后的矿相照片

高的氧化铁含量还原后很容易形成 Fe_3C,而 Fe_3C 又是 Cr_2O_3 很好的还原剂。因此,随着混合矿球团中添加铁矿石含量的增加,即在冶炼不锈钢母液中铬含量的减少,混合矿还原率迅速增大。

铁矿石的存在有利于铬矿的还原应该是生成了低铬活度的含铁金属,如果还原的金属中 $a_{cr} = 1$,则铬矿是不会还原的,但由于铁优先还原出来,使 $a_{cr} < 1$,就使得铬矿中的 Cr_2O_3 有可能得到还原。

采用相同的配比,对澳大利亚铬矿和伊朗铬矿在 1 100℃时的还原进行了实验比较,结果如图 7 - 15 所示。由图可见,澳铬矿的最终还原率略高于伊朗铬矿,这是澳大利亚铬矿的 Cr/Fe 比略低于伊朗铬矿的缘故。Vazarlis 等人[14]在温度 1 300~1 500℃下研究了不同产地的铬矿的固态还原,也证实 Cr/Fe 比低更有利于还原。

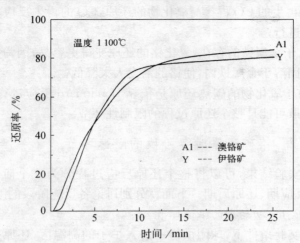

图 7-15　不同铬矿对含碳球团还原的影响

7.4　固态还原机理的探讨

7.4.1　反应方式

在有固体碳存在的情况下,氧化物的碳热还原反应主要是通过碳的气化反应产生的 CO 进行的,即间接还原反应的连接纽带是碳的气化反应。不难理解,作为还原反应的两个环节,氧化物碳热还原反应速率可能取决于 CO_2 再生为 CO 的速率。

实验结果表明,在同样条件下焦炭球团还原率明显高于石墨球团,这与还原剂反应性的优劣是一致的。由此说明,氧化物的碳热还原过程受制于 CO 再生的速率。

铬矿石的还原由以下几个步骤组成:

1. 反应开始时与碳直接接触的氧化铁还原成金属铁或碳化铁;

2. 碳和氧化物脱离接触后,通过 Boudouard 反应完成还原,即

CO 与氧化物反应生成金属或碳化物以及 CO_2，CO_2 与碳颗粒反应再生为 CO，再生的 CO 再参与氧化物的还原，CO 的再生反应亦可能通过碳化物进行；

3. 由于金属铁的存在，氧化铬的还原变得更容易，因为氧化铬的还原产物固溶于金属铁内，使铬的活度大大降低；

4. 由于氧化物的碳热还原是依靠 Boudouard 反应进行的，因此气体的扩散可能是整个还原过程的限制性环节。

7.4.2 铬矿还原时各阶段的限速环节

根据实验结果，可以将整个还原反应过程分为三个阶段：初始期、高速反应期、还原后期。下面就分别讨论各反应阶段的限速环节。

7.4.2.1 初始期的限速环节

在本实验条件下，球团试样一进入炉子的高温区，还原过程就伴随着非稳态传热的开始而起步。Bryk 等人[16]在研究含碳铁矿团块的还原期时，曾测定过团块中心的温升，结果表明：炉膛温度为 1 000~1 100℃时，直径 19~32 mm 的团块中心需 10~16 min 后才能升温到 900~1 000℃。对本实验中的试样，通过传热计算得知[2]，设定 1 000℃炉温时，球团中心温度达到设定炉温需 3.8 min。

因此，还原初始期团块内部存在温度梯度。即在此阶段，还原反应是在比预定温度低的情况下进行的，即球团处于一个温度不断升高的过程中。在有碳存在的低温条件下（＜900℃），金属氧化物 MO 被碳直接还原的如下反应才可能出现[5]：

$$2MO(s) + C(s) = 2M(s) + CO_2$$

而按体系中反应同时平衡原理，还有下列反应出现：

$$CO_2 + C(s) = 2CO$$

$$MO(s) + CO = M(s) + CO_2$$

由它们的组合，可得出直接反应：$MO(s) + C(s) = 2M(s) +$

CO。正如 Katayama[17-18] 和 Niayesh[19] 所证实的含碳铬铁矿球团的碳
热还原基本上是通过 CO 间接还原方式完成的。因此,在温度较低的
初始期,Boudouard 反应的快慢就决定了铬铁矿的还原速率。

7.4.2.2 高速反应期间的限速环节

含碳铬矿球团的固态还原主要通过 CO 的中间介质作用而发展
的,CO 及相应的 CO_2 均产生于该球团的内部,可以说球团内部的
P_{CO}/P_{CO_2} 是还原过程的特性值。在球团内部的 P_{CO}/P_{CO_2} 同时存在与
固体碳以及与矿石的平衡,而实验测定得到的是炉外两种气体的分压
比,最终的累积量应该能反映球团在还原过程中的一些特点。图 7 - 16
为 A1 和 C2 试样还原时逸出气体内 CO 与 CO_2 的累计 P_{CO}/P_{CO_2} 比例。

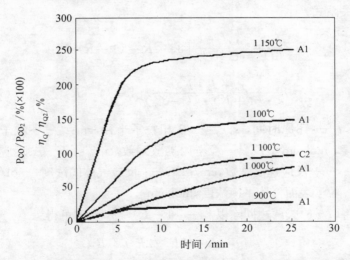

图 7 - 16 几种还原条件下反应逸出气体中 CO、CO_2 累计的比例

从图 7 - 16 中看到:900℃时 A1 试样的 P_{CO}/P_{CO_2} 相当小,随着
温度的升高,P_{CO}/P_{CO_2} 比值最终的平台抬高较大。在 1 100℃ 和
1 150℃时还原的加速期内,P_{CO}/P_{CO_2} 比值的增长速率较大,尤其是在
1 150℃时更为明显。对照图 7 - 4 和图 7 - 16,可以发现:温度越
高,最终的 P_{CO}/P_{CO_2} 比值也就越大,而试样的还原率也越大。

1 150℃时 A1 试样还原过程中的 Pco/Pco$_2$ 在 8 min 以内呈线性急剧升高,而 900℃时 Pco/Pco$_2$ 比值很低,远小于 1 100℃和 1 150℃时的比值,所以球团在 900℃时的还原率也远低于 1 100℃以及 1 150℃时的还原率。还原温度的影响作用于 Boudouard 反应是球团还原限速的环节之一,而气体的传输速率也限制了球团内的还原。动力学研究表明,温度低于 1 100℃时,Boudouard 反应趋于平衡的速度不大[20]。因此,高速反应期的限速环节并不能由 Pco/Pco$_2$ 比值的大小来确定。

一般来说,铬矿还原反应的速率限制环节可用矿相粒子内的扩散及化学反应混合控制模式进行解析[21],由未反应核模型推导出如下的关系式[22]:

$$t = \frac{r_o^2 \cdot d_o}{6D_e \cdot (C - C_o)}[3 - 2R - (1-R)^{2/3}] +$$

$$\frac{r_o \cdot d_o \cdot K}{\kappa \cdot (1+K) \cdot (C - C_o)}[1 - (1-R)^{1/3}] \quad (7-6)$$

式中:t——还原时间,s;r_o——矿相粒子半径,cm;d_o——粒子初始氧浓度,mol/cm^3;D_e——粒子内扩散系数,cm^2/s;K——反应平衡常数;κ——反应速度常数,cm/s;C——反应气体的浓度,mol/cm^3;C_o——粒子表面气体平衡浓度,mol/cm^3。

将(7-6)式两边同除以 $[1 - (1-R)^{1/3}]$,整理可得:

$$t/F = A \cdot (3F - 2F^2) + B \quad (7-7)$$

其中,$F = 1 - (1-R)^{1/3}$;$A = r_o^2 \cdot d_o/6D_e(C - C_o)$;$B = r_o \cdot d_o \cdot K/\kappa \cdot (1+K) \cdot (C - C_o)$。

式中的扩散时间因子(即扩散阻力)为:

$$t_D = A \cdot F \cdot (3F - 2F^2) \quad (7-8)$$

反应时间因子(即反应阻力)为:

$$t_K = F \cdot B \qquad (7-9)$$

将图 7-3 的实验数据代入式(7-7),绘出 $t/F - (3F-2F^2)$ 曲线,结果发现在高速反应期两者并不成直线关系,这说明在本实验条件下,混合矿还原高速反应期的限速环节并不是化学反应和扩散混合控制。

实验中,若假定 Boudouard 反应是铬矿碳热还原过程的速率限制环节,并认为碳粒呈球状,其原始半径为 r_c,则反应速度式可写为:

$$v_c = 4\pi r_i^2 \kappa C_i \qquad (7-10)$$

式中:r_i——未反应掉的碳粒半径;C_i——碳粒表面 CO_2 浓度;κ——Boudouard 反应的速度常数。

若以 Rc 表示碳粒的反应率则有以下关系式:

$$\frac{dRc}{dt} = -3\frac{r_i^2}{r_c^3} \cdot \frac{dr_i}{dt} \qquad (7-11)$$

另根据物质平衡有:

$$\frac{dr_i}{dt} = -\frac{v_c}{4\pi r_i^2 \rho_c} \qquad (7-12)$$

其中 ρ_c 为碳粒的摩尔密度(mol/cm^3)。

将(7-10)、(7-11)代入(7-12)式可得:

$$\frac{dRc}{dt} = \frac{3\kappa}{r_c\rho_c}C_i(1-Rc)^{2/3} \qquad (7-13)$$

将(7-13)积分后得:

$$1-(1-Rc)^{1/3} = \frac{\kappa}{\rho_c r_c}C_i t \qquad (7-14)$$

因为总括反应 $MO_{(S)} + C_{(S)} = M + CO_{(g)}$ 的控制性环节是 CO 的再生反应,所以还原反应 $MO(s) + CO(g) = M + CO_2(g)$ 的速度相

对来说很快,可认为其已达到了平衡,平衡常数为 $K = P_{CO_2}^* / P_{CO}^*$,及 $P = P_{CO_2} + P_{CO}$,则平衡时 $P = P_{CO_2}^* + P_{CO}^*$,可推出:

$$P_{CO_2}^* = \frac{KP}{1+K} \qquad (7-15)$$

由于球团中矿粉和碳粒均匀混合,接触紧密,故可认为碳粒表面处 CO_2 浓度等于还原反应 $MO(s) + CO(g) \Longrightarrow M + CO_2(g)$ 平衡时所达到的 CO_2 浓度,即:

$$C_i = \frac{P_{CO_2}^*}{RT} = \frac{KP}{(1+K)RT} \qquad (7-16)$$

其中 R 为气体常数,将(7-14)代入(7-16)式得:

$$1 - (1-Rc)^{1/3} = \frac{\kappa}{\rho_c r_c RT} \cdot \frac{KP}{(1+K)} \cdot t \qquad (7-17)$$

根据阿累尼乌斯公式,速度常数可表示为:

$$\kappa = A\exp(-E/RT) \qquad (7-18)$$

$$K = \exp(-\Delta G_T^\circ / RT) \qquad (7-19)$$

其中 A 和 E 分别为 Boudouard 反应速度常数的频率因子和活化能,ΔG_T° 为 $MO(s) + CO(s) \Longrightarrow M + CO_2(g)$ 反应的标准自由能。

这样(7-17)又可写成:

$$1 - (1-Rc)^{1/3} = \frac{AP}{\rho_c r_c RT} \cdot \frac{\exp[-(E+\Delta G_T^\circ)/RT]}{1+\exp(-\Delta G_T^\circ / RT)} \cdot t$$
$$(7-20)$$

若 $K \leqslant 1$,则(7-20)式可简化成:

$$1 - (1-Rc)^{1/3} = \frac{AP\exp[-(E+\Delta G_T^\circ)/RT]}{\rho_c r_c RT} \cdot t \qquad (7-21)$$

若 $K \geqslant 1$，(7-20)式可写为：

$$1 - (1 - Rc)^{1/3} = \frac{AP\exp(-E/RT)}{\rho_c r_c RT} \cdot t \qquad (7-22)$$

总之，如果实验条件满足上述假定，实验结果应符合 $1 - (1 - Rc)^{1/3} = \kappa_{表} \cdot t$ 的关系，即 $\kappa_{表}$ 为温度的函数，若恒温下且 P 不变，则 $\kappa_{表}$ 为常数。

将图 7-4 中的实验数据换算成碳的反应率 Rc，相同含碳量条件下（矿：焦 = 100 : 26），将 $1 - (1 - Rc)^{1/3}$ 对时间 t 作图，从图 7-17 可以看出，在反应的高速阶段，二者近似直线关系，说明在高速反应期，整个还原反应的限制性环节可能为还原气体 CO 的再生反应。根据式(7-20)，表观反应速度常数 $\kappa_{表}$ 与碳粒的原始半径成反比，实验结果间接地证实了这一点。$\kappa_{表}$ 亦和一氧化碳分压与二氧化碳分压之和 P 成正比，在总压 $P_{总} = P_{Ar} + P$ 恒定条件下，P 取决于反应气体产生的速度，开始时还原速度大，产生的气体多，则 P 也大，反之到后期 P 相对要变小。反应后期 $\kappa_{表}$ 值变小可能与 P 的变化有关。另外矿石由两种矿物多种氧化物组成，整个还原过程又是分阶段进行的，要精确定量式(7-20)与过程结果的关系还有许多困难，但是根据式(7-20)能够确定实验条件对反应速度的影响，例如增加反应容器中的压力、颗粒更细，均有利于反应的快速进行。拟合图 7-17 中直线斜率为该温度下的表观反应速度常数 $\kappa_{表}$，绘制成图 7-18，就可得到碳还原混合矿反应的表观活化能为 72.2 kJ/mol。

7.4.2.3　还原后期的速率限制环节

随着还原反应的不断进行，特别是到反应后期，球团的还原速度显著下降，原因一是球团中的铁矿以及铬矿中的铁氧化物已经基本上先得到了还原，二是配入的碳被逐步氧化消耗掉，而在氧化铬的表面形成较致密的金属碳化物层，阻碍了 CO 和 CO_2 气体的进一步相互扩散，阻碍了还原反应的进行。因此，气态产物的扩散此时将成为还原反应的速率限制环节。

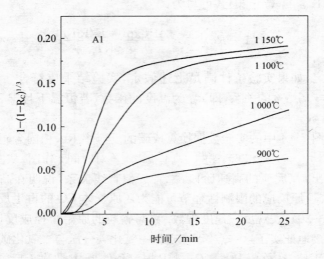

图 7 - 17　A1 球团 $1-(1-Rc)^{1/3}$ 与时间 t 的关系

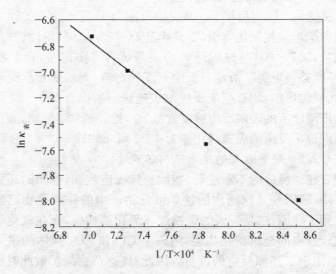

图 7 - 18　$\ln\kappa_{表}$ 与 1/T 的关系

7.5 铬铁矿在高炉上部还原机理的推测

根据高炉炼铁的基本原理以及本章对含碳铬铁矿球团固态还原的研究,我们可以对铬铁矿在高炉上部的还原行为作一推断。

本章中提到的高炉上部特指高炉的块状带,即炉料软熔前的固态区域,炉料在此区域主要进行氧化物的热分解和气体还原剂的间接还原反应。对于铁矿在高炉中的还原过程和主要反应,一般认为: ≤800℃为铁矿的间接还原区,≥1 100℃为直接还原区,而 800~1 100℃之间为两种还原共存区[23]。但对于铬矿石而言,根据第四章 CO 还原铬矿的热力学分析可知,CO 还原 $FeCr_2O_4$ 生成 Cr_2O_3 的起始温度为 970℃,还原 $MgCr_2O_4$ 生成 CrO 的温度则高于 1 520℃,而铁矿 $FeFe_2O_4$ 被 CO 还原的起始温度低于 700℃,可见 CO 还原铬铁矿的温度较之铁矿高得多。

从第五章含铬炉料的熔滴性能获知,冶炼含铬 19.8% 和 25.4% 炉料的软化开始温度分别高达 1 176℃和 1 283℃,那么对于高炉冶炼含铬 20%左右的铁水而言,炉料软熔前的固态区域温度至少低于 1 176℃。根据本章的研究结果,在 1 150℃下主要完成了球团中铁氧化物的还原,既包括球团中配入的铁矿,也包括铬矿石中的铁氧化物,而矿石中的铬氧化物则难以还原。另外从第九章对高炉炉身和炉腰间的铬矿石试样的研究中可以发现,铬矿石的还原呈现典型的气固未反应核模型。因此,综合起来可以这么认为,即使铬铁矿在高炉上部的块状带产生一定程度的固态还原,也主要是铬矿石中的铁氧化物通过 CO 气体的间接还原。

7.6 小结

利用质谱仪气体分析法和失重分析法对含碳铬矿铁矿混合球团的固态还原过程和机理进行了研究,分析了各种因素对固态还原的影响,并确定了球团固态还原在各个期间还原速率的限制环节。

与一般失重分析法研究含碳铬矿球团还原过程不同,本实验中发现采用气相质谱仪分析时,球团还原时会同时逸出 CO 和 CO_2 两种气体,且总是先产生 CO_2 气体,然后才有 CO 气体的生成。球团的还原反应产生的两种气体成分随温度变化而变化,温度低于 1 000℃时,还原产物中主要是 CO_2 气体,高温下还原产物主要是 CO,但仍然有较大部分的 CO_2 放出。而失重法分析是以还原时产生一种气体产物来进行计算的,因此,气相质谱分析具有更精确、更合理的优点。

温度对含碳铬矿铁矿球团的固态还原有显著的影响。温度越高,球团的最终还原率也越高。提高反应温度还能使还原速率大大提高,但对含澳矿/铁矿比为 2/5 的 A1 混合球团而言,铬矿得到还原的温度至少应该在 1 150℃以上。若提高球团中铁矿的含量,则能促进球团中铬矿的还原,含澳矿/铁矿比为 1/5 的 A2 球团在 1 100℃时就能明显地观察到部分还原的铬矿。而含澳矿/铁矿比为 2/5 球团在 1 100℃时主要完成了配入的铁矿和铬矿中铁氧化物的还原。

矿石粒度越细,还原反应速度越快。粒度越小,球团试样的最终还原率越高,但矿石粒度过细对进一步促进球团还原的贡献不大。

添加焦炭的球团终点还原率高于含石墨的球团,说明焦炭的还原特性优于石墨。球团还原率随配碳量增加而提高,但对含碳铬矿球团的还原,在一定温度下存在一个最佳的含碳量。配碳量过量,铬矿球团还原率的提高缓慢,还原并没有更大的效果。

澳大利亚铬矿的还原性略好于伊朗铬矿,选择合适的铬矿和铁矿比例混合造球可以提高氧化铬的还原率,降低了氧化铬开始还原温度。

在球团温度较低的还原初始期,速率限制环节为 Boudouard 反应控制;高速反应期为化学反应与扩散混合控制,还原机理模型为 $1 - (1 - Rc)^{1/3} = \kappa_表 \cdot t$;还原后期限制环节为气态产物的扩散。还原速率在高速反应期最大,尤其温度较高时更加显著,此过程含澳矿/铁矿比为 2/5 球团还原时的表观活化能为 72.2 kJ/mol。

铬铁矿球团固态还原实验研究表明：铬铁矿在高炉上部的固态还原区域主要完成的是铬铁矿中铁氧化物的还原，而且主要是通过CO气体的间接还原，而铬矿中的铬氧化物在温度低于1 150℃时则难以得到还原。

参考文献

［1］ 袁章福，万天骥，等. 含碳铬矿球团的还原性能. 北京科技大学学报，1989，11(5)：399－405.

［2］ 刘平. 氧化铬在高炉上部的还原行为和含铬铁水流动性研究. 硕士论文，2004.

［3］ 蒋国昌，徐建伦，徐匡迪. 含碳锰矿团块及铬矿团块还原过程的检测和研究方法. 铁合金，1990(2)：27－29.

［4］ 王常珍. 冶金物理化学研究方法. 北京：冶金工业出版社，2002.

［5］ 黄希祜. 钢铁冶金原理. 北京：冶金工业出版社，2002：270.

［6］ Katayama Hiroshi G and Tokuda Masanori. The Reduction Behavior of Synthetic Chromites by Carbon. Tetsu-To-Hagane，1979，65(3)：331－340.

［7］ A. Lekatou, R. D. Walker. Solid State Reduction of Chromite Concentrate：Melting of Prereduced Chromite. Ironmaking and Steelmaking，1995，22(5)：378－392.

［8］ O. Soykan, R. H. Eric, R. P. King. The Reduction Mechanism of a Natural Chromite at 1,416℃. Metallurgical Transactions B，1991，22B(2)：53－63.

［9］ 袁章福，任大宁，万天骥，等. 碳还原氧化铬的固-固反应. 化工冶金，1991，12(3)：193－199.

［10］ A. Lekatou, R. D. Walker. Mechanism of Solid State Reduction of Chromite Concentrate. Ironmaking &

steelmaking，1995，22(5)：393－404.

[11] Y. L. Ding，N. A. Warner. Kinetics and Mechanism of Reduction of Carbon - Chromite Composite Pellets. Ironmaking and Steelmaking，1997，24(3)：224－229.

[12] Marko Kekkonen，Yanping Xiao，Lauri Holappa. Kinetics Study on Solid State Reduction of Chromite Pellets. INFACON 7，Norway，1995：351－360.

[13] Marko Kekkonen，Ari Syynimaa，Lauri Holappa，Pekka Niemela. Kinetic Study on Solid Reduction of Chromite Pellets and Lumpy Ores. INFACON 8，141－146.

[14] H. G. Vazarlis，A. Lekatou. Pelletising - Sintering，Prereduction，and Smeiting of Greek Chromite Ores and Concentrates. Ironmaking & steelmaking，1993，20(1)：42－53.

[15] 杨志忠. 内加碳铬矿还原球团试验. 铁合金，1987(2)：8－13，18.

[16] C. Bryk，W. K. Lu. Reduction Phenomena in Composites of Iron Ore Concentrates and Coals. Ironmaking & steelmaking，1986，13(2)：70－75.

[17] Hiroshi G. Katayama，Masanori Tokuda. Rate-determining Process in Carbothermic Reduction of Chromites. Tetsu-to-Hagane，1985，71(9)：1094－1101.

[18] Katayama Hiroshi G. Reduction of Chromite with Carbon in Various Atmospheres and with Flowing CO Gas. Tetsu-To-Hagane，1977，63(2)：207－216.

[19] M. J. Niayesh. 铬铁矿固态还原. 铁合金，1994(3)：49－55.

[20] 秦民生，杨天钧. 炼铁原理（讲义）. 北京科技大学，1987：1－34.

[21] 片山博，德田昌则. 炭材内装クロム矿ペレットの还原にほず

雾围气ガスの影响. 铁と钢,1985,71(14):1067-1614.

[22]　川合保治. 铁冶金反应速度论. 日刊工业新闻社,1973:99.

[23]　周传典. 高炉炼铁生产技术手册. 北京：冶金工业出版社,2003.

第八章 铬铁矿在熔融滴下 过程中的还原机理

根据第七章对铬铁矿混合球团在固态时还原机理的研究,低温(<1 100℃)时主要是球团中的铁矿以及铬矿中的铁氧化物的还原,氧化铬的还原极少。而铬铁矿在高炉冶炼时不断随着炉料下降,温度越来越高,炉料进入高炉软融带后,还原的条件更为有利,是铬铁矿还原的一个重要区域。文献[1-5]报道的研究主要是针对埋弧电炉中以及添加熔剂后铬矿的熔融还原反应,而竖炉型反应器内的还原机理研究尚未见报道。由于铬矿还原的复杂性,既使是同一类型的铬矿,在不同还原条件下的还原机理也有很大差别。为了了解含铬炉料的熔融滴下性能以及铬铁矿在熔融滴下过程中的还原机理,在实验室模拟竖炉的条件下,对含铬铁矿炉料进行了熔融滴下实验(见第五章)。本章利用光学和 SEM 及能谱分析技术,研究了从第五章熔融滴下实验中得到的滴下物以及坩埚中未滴下物试样结构形态的变化,从而对铬铁矿在熔融滴下过程中的还原机理进行了探讨。

8.1 熔融滴下实验及试样的制取

混合炉料采用的是与工业试样相同的澳大利亚铬矿和我国海南铁矿以及生石灰,原料的化学成分见第五章表 5-1。熔融滴下实验装置如第五章中图 5-1 所示。在研究铬铁矿在熔融滴下过程中的还原机理时,选取了表 5-4 中的 2♯ 实验中的滴下物和 4♯ 实验中坩埚里的未滴下物作为研究对象,2♯、4♯ 熔滴实验的矿石比例分别为:海南铁矿:澳大利亚铬矿:石灰石=60:30:10 及 54.5:36.4:9.1(重量百分比),分别相当于冶炼含 [Cr] = 16.2% 和 19.8% 的不锈钢母液炉料。

2＃、4＃炉料熔滴实验测定的滴下温度分别为1 488℃和1 523℃。

熔滴实验滴下物以及未滴下物均保存了铬矿石熔融滴下过程中的软熔、成渣及还原反应等重要信息，对这些试样进行解剖分析将有助于了解和弄清铬矿石的还原反应机理。图8-1为2＃熔滴实验滴下物照片，肉眼可以看到2＃实验滴下物周边及底层有大量金属，中间及面上有金属块和许多粒状金属珠，最上层金属间或有金属光泽。滴下物中有大量黑色的渣，渣中没有块状焦炭，但夹杂有粒状金属珠(<1 mm)。另外，石墨坩埚中尚有未落下的焦炭，荷重压块上有大量金属珠，焦炭表面上也有富集金属珠现象。由于4＃试样熔点高，滴下物较少，而在实验结束后石墨坩埚中仍留有大量未滴下物，其中有成渣物，焦炭表面及石墨荷重压块上也有富集金属珠的现象。

2号

图8-1　2＃熔滴实验滴下物照片

将2＃实验滴下物从上到下大致分为四层进行解剖，收集分离的金属和渣，并用环氧树脂进行固化，经多道粗、细研磨、抛光后进行显微镜观察、摄取光学照片。部分样品再经喷涂导电介质层后，进行SEM和EDAX微区成分能谱分析。4＃实验未滴下物中的成渣物也同样作了分析。根据检测结果对铬铁矿在近似竖炉生产条件下的熔融还原过程进行初步的探讨。

8.2　光学显微分析

为了弄清铬矿颗粒熔融还原过程的变化，在光学显微镜下对试样进行了观察，图8-2为部分光学照片。其中图8-2a～d为2＃熔滴实验滴下物渣样中未完全还原铬铁矿颗粒的光学照片，从a到d分别是最先滴下到最后滴下的四层解剖物。试样的光学照片反映了铬矿在熔融还原过程中的变化，从图中可以看到铬矿颗粒的周围或颗粒的边沿有金属析出(图中白色部分)，同时发现先落下的铬矿被

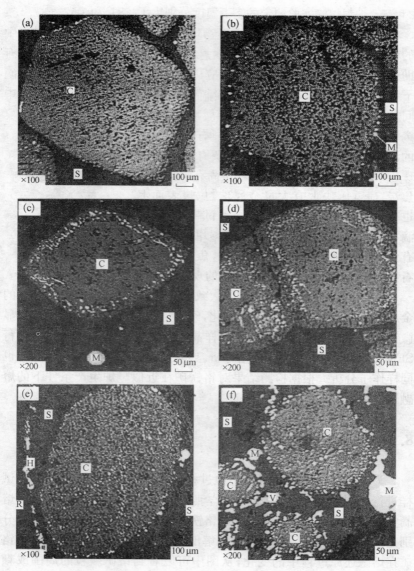

图 8 – 2　铬铁矿还原的光学照片(C—铬矿,M—金属,S—熔渣,R—环氧树脂)

还原出的金属少（a、b），只有零星的金属珠。后落下的铬矿颗粒还原的程度更高（c、d），可以看到铬铁矿颗粒形成两层清晰的区域，内层是未还原的中心区，外层是主要由被还原出的金属滴组成，形成了一个致密的金属环。在 c 的渣中还分布着许多大小不一的金属珠。图 8 - 2e、f 是 4♯熔滴实验中未滴下物的光学照片，试样 e 取自紧贴石墨坩埚的未滴下物。图 8 - 2 中可以看到铬矿颗粒的边沿及其周围还原出了大量的金属颗粒或金属块，铬矿颗粒中间和熔渣中也有金属珠存在，而且熔渣边沿还发现大量聚集的金属块（图 8 - 2e 中左边白色弧状物及 f 中大块白色物）。

8.3　SEM 照片及能谱分析

为了进一步获取已部分还原铬矿的还原信息和表面结构的变化情况，部分试样喷金后拍摄电子扫描显微镜（SEM）照片，图 8 - 3a、8 - 3b 分别是图 8 - 2c 和 8 - 2e 中试样的 SEM 照片。同时利用 EDAX-PHOENIX 能谱分析仪对铬矿颗粒不同部位、炉渣及金属珠进行了定点成分分析，照片中的数字即为点分析位置，结果列于表 8 - 1。

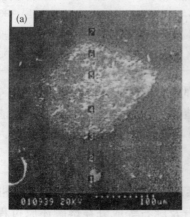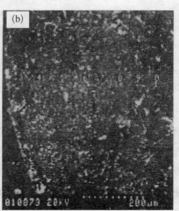

图 8 - 3　铬铁矿还原的 SEM 照片

表 8-1 图 8-3(a)、(b)中试样的 X 射线能谱点分析结果/wt%

试样	点位	Mg	Al	Si	Ca	Cr	Fe	Σ
a	1	4.36	3.00	15.93	5.44	5.77	65.50	100
	2	8.92	7.02	44.59	22.03	12.72	4.72	100
	3	3.74	1.67	2.47	0.39	14.79	76.94	100
	4	8.18	5.42	3.29	0.63	48.82	33.66	100
	5	7.30	5.34	2.94	0.43	48.78	35.21	100
	6	9.28	7.39	4.37	1.54	51.24	26.18	100
	7	8.74	7.02	44.52	22.89	11.5	5.33	100
b	1	0.65	0.73	1.33	0.64	76.70	19.95	100
	2	0.58	0.52	1.11	0.62	69.10	28.07	100
	3	8.57	11.11	41.57	32.96	3.60	2.19	100
	4	10.38	9.38	2.10	0.43	57.84	19.87	100
	5	7.96	9.58	1.97	0.35	55.30	24.84	100
	6	8.84	7.50	2.09	0.49	61.82	19.26	100
	7	8.10	8.18	1.53	0.68	54.72	26.79	100
	8	11.94	8.76	5.03	3.26	66.33	8.68	100
	9	11.62	9.09	2.02	0.83	55.11	21.33	100
	0	10.44	8.27	39.64	30.38	9.83	1.44	100

从图 8-3a、b 中点成分分析的结果来看,a 试样中点 2 和点 7,b 中的点 3 和点 0 是明显的熔融炉渣,其中铁基本被还原,而铬在渣中的溶解度不大,因此成分稍比铁高,说明铬在渣中比铁更难还原。金属珠(点 1)主要含铁,铬含量较低。渣中铁铬含量均较少(点 2、7),铁含量比铬含量更低,而 Mg、Al、Si、Ca 含量与铬矿颗粒(点 3~6)相比有所提高,Ca 主要是实验时添加石灰石所导致的,Mg、Al、Si 应该是铬矿和海南铁矿中镁铝尖晶石及脉石等成分在熔融还原过程中溶解进入渣相所致。铬矿颗粒边沿含铁量有较大增加,还原程度较

高。b 试样中金属块(点 1、2)铬含量较高,铁较少。考察发现该部位(弧状金属块带,如图 8-2e)在熔滴实验中贴近石墨坩埚壁,CO 气体可以沿坩埚壁面更容易地到达反应界面,因此在炉料与石墨坩埚壁面处形成了较强的还原区域,使溶入渣中的 Cr_2O_3 将更容易地还原成金属铬获铬铁碳化物。从图 8-2e、f 中还可注意到金属在铬铁矿颗粒里到处生成,这是因为还原过程中,铬铁矿颗粒呈高的多孔性,CO 气体通过这些孔隙扩散,在铬矿颗粒里面产生金属化。

渣中铁铬含量均较少,Si、Ca 含量有较大增加,而 Mg、Al 与铬矿颗粒中含量相比,变化不大。铬矿颗粒边沿及内部各成分没有显著变化。

另外,还对 4♯熔滴实验滴下物中解剖出来的金属块或金属珠(分为四层)进行了点分析,结果如表 8-2 所示。从 Cr、Fe 含量的变化来看,先滴下的金属含铁量稍高,而铬含量稍低,最后落下的金属则相反。因此,对于铬铁矿中的铬氧化物而言,在温度越高,停留时间越长时(即后落下的渣金混合物),其还原的程度越高。而铁矿以及铬矿中铁氧化物的还原温度均较低,它们将首先被还原出来,故先滴下的金属中铁的含量相对更高。

表 8-2　4♯熔滴实验滴下物中金属的能谱分析结果/wt%

试样	位置	Mg	Al	Si	Ca	Cr	Fe	Σ
M1-1	第1层	0.64	0.63	0.71	0.17	2.77	95.08	100
M1-2		0.51	0.39	0.40	0.20	3.75	94.75	100
M2-1	第2层	0.44	0.22	0.34	0.12	2.21	96.67	100
M2-2		0.83	0.74	0.76	0.31	2.89	94.47	100
M3-1	第3层	0.32	0.40	0.36	0.03	4.06	94.83	100
M3-2		0.26	0.17	0.30	0.13	1.53	97.60	100
M4	第4层	0.12	0.29	0.20	0.09	1.65	97.65	100

注:第 1 层为最后落下物,第 4 层为最先落下物,以此类推

　　为了确定滴下物金属的组成,对 M2 中的金属进行了 X‑射线衍射分析,衍射图谱如图 8‑4 所示。对图中 4 个峰的 2theta 和 d‑value 值进行比较后,确认熔融滴下实验中的滴下物中金属主要是 Fe、FeC 或 $(Cr,Fe)_7C_3$,与 Katayama 研究铁铬尖晶石碳热还原时的产物[6‑7] 以及 Soykan[1, 8] 和 Lekatou[9] 等人研究铬铁矿的还原产物是一致的,他们认为金属化的铁和铬最终以 $(Fe,Cr)_7C_3$ 形式存在的。本研究中由于添加了铁矿,因而还原的产物中存在较多的 Fe 和 FeC。

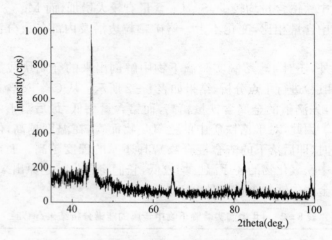

图 8‑4　滴下物中金属的 X‑射线衍射分析图谱

　　为了进一步更直观地观察铬铁矿在还原过程中各主要元素的分布情况,对图 8‑2(C)中铬铁矿颗粒进行了 X 射线面扫描分析,面扫描分析是让入射电子束在样品表面作光栅扫描,将 X 射线谱仪固定接受其中某一元素的特征 X 射线讯号,并以此调制荧光屏亮度,即可得到 X 射线面扫描像。显然,图像中较亮的区域,就是样品表面该元素含量较高的地方。扫描电镜图像及六种元素的分布情况如图 8‑5 所示。从图中铬和铁的图像里可以看到:这两个元素主要集中在铬铁矿的颗粒中,但是从分布看,铬的分布比较均匀,而铁的分布在铬铁矿颗粒的边缘区域含量比中间区域更高。很有趣的是图像的左上角渣中的一金属珠,在铬的图像中几乎看不到,而在铁的图像中却很亮,说明其主要成分是铁。这与表 8-1 中的点成分分析结果非常吻合。铝、镁元素在颗粒和渣中分布均匀,而硅、钙则主要集中在渣中。

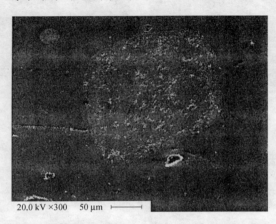

20.0 kV ×300　50 μm

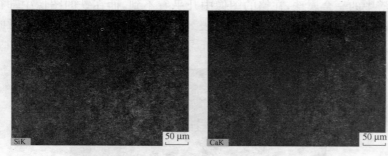

图 8 - 5 铬铁矿的 SEM 图像及元素面扫描图像

8.4 铬铁矿还原过程的探讨

固体碳直接还原铬铁矿可能按照下面两个反应中的一个进行：

$$2Cr_2O_3 + 3C = 4Cr + 3CO_2 \qquad (8-1)$$

$$Cr_2O_3 + 3C = 2Cr + 3CO \qquad (8-2)$$

Kekkonen[3]认为碳与铬矿之间的固-固反应主要是通过 CO 气体进行的。而熔滴实验中由于充入了 CO 和 N_2 混合气体以及反应 $(8-2)$ 生成的 CO 气体，因此还发生下式的反应：

$$Cr_2O_3 + 3CO = 2Cr + 3CO_2 \qquad (8-3)$$

反应生成的 CO_2 气体还会与焦炭发生 Boudouard 反应：

$$CO_2 + C = 2CO \qquad (8-4)$$

Niayesh[10]证实了铬铁矿的碳热固态还原本质上是间接的，即主要靠 CO 气体还原。为了在还原进程所需的气相中维持较低的氧位，还必须要有紧贴铬矿的分离的碳粉的存在。在滴下物解剖时发现石墨坩埚壁、石墨压块以及焦炭表面上均富集了大量的金属珠，说明铬铁矿在这些地方具有较好的透气和还原条件，使矿石中的金属氧化物能够得到更充分的还原。温度的高低以及矿石在坩埚中停留时间的长短决定了铬铁矿的还原程度。

本章研究认为铬铁矿在熔融滴下过程中的还原可分为两个阶段。先是铬铁矿通过 CO 气体的间接还原；其后铬铁矿逐步向渣相中溶解，而被固体碳所直接还原。这两部分反应同时也跟温度有着密切的关系。

根据第七章铬铁矿固态还原机理的研究结果，在温度低于 1 150℃时，主要完成炉料中铁矿和铬矿石中的铁氧化物的还原。因此，在熔融滴下实验过程中，炉料未软熔之前，CO 气体容易通过焦炭的孔洞以及颗粒间的缝隙扩散，铁矿及铬矿石中的铁氧化物主要还是通过·CO 气体的间接还原。图 8-2c、d 中铬矿石的还原具有典型的气固未反应核模型特征。由于是致密的块状铬铁矿，还原反应从铬铁矿的表面开始，逐渐向中心推进，因此可以看到反应物和产物层之间有较明显的界限，反应在层间的相界面附近区域进行，形成的固相产物金属仍保留在原来铬铁矿颗粒的外层，而铬铁矿颗粒内部则是未反应的部分。同时，还可以注意到金属颗粒在铬铁矿颗粒里到处生成，从光学照片和 SEM 照片均可以清晰地看到，这是因为还原过程中，铬铁矿颗粒呈现高的多孔性，CO 气体通过这些空隙扩散，使铬矿颗粒里面的铁、铬氧化物还原产生金属化[11]。另外，从滴落金属颗粒的点成分分析以及图 8-5 铬铁矿铁的面扫描结果来看，铬铁矿中铁氧化物的还原要优先于铬氧化物的还原。根据未反应核模型，可以认为 CO 气体对铬铁矿的还原反应过程由下列环节组成：① CO 气体向铬铁矿颗粒表面的输送；② CO 气体通过多孔的产物层向颗粒内部反应界面的扩散；③ 反应界面上 CO 的吸附以及与铬矿颗粒中铬、铁氧化物的化学反应，产物气体 CO_2 的解吸附；④ 产物气体 CO_2 通过多孔产物层向颗粒表面的扩散，铬铁矿晶格中的 Fe^{3+}、Fe^{2+}、Cr^{3+}、Cr^{2+}、O^{2-} 等阴阳离子以及还原出来的金属铁、铬的扩散；⑤ 产物气体 CO_2 穿过铬铁矿颗粒表面气膜或通过颗粒缝隙向颗粒外部的扩散。

由上述串联式环节组成的多相反应过程的速率受以上五个环节总阻力的联合控制。由于气体流速和颗粒直径对铬铁矿还原速率的影响很小[12]，因此，第②、③、④环节可能会是铬铁矿还原速率的限制环节。

2♯和4♯熔滴实验时的炉料软化开始温度分别为1 180℃和1 176℃，因此，随着温度的升高，炉料会逐步软化和熔融，料块间的空隙会大大减少，气体流经的阻力大大增加，将阻碍气体对矿石间接还原的进行。随着温度的进一步升高，液态渣相得以形成。2♯和4♯样的最后滴下温度分别高达1 488℃和1 523℃，完全具备成渣条件，光学和SEM照片以及能谱分析的结果也证实了滴下物中有渣相形成。Neuschutz 等[5]在研究添加熔剂对铬矿还原的影响时，发现渣相的形成促进了铬矿向熔渣的溶解，超过1 200℃时铬矿被溶解入渣，然后被还原出金属。Weber 和 Eric[2]在研究1 300～1 500℃氩气氛下Bushveld 铬铁矿被石墨碳还原的机理时，也发现硅石熔剂在1 400～1 500℃时形成渣相，从而改变了铬矿后阶段的还原机理。因此，可以认为在熔滴实验条件下，随着温度的升高，铁矿和部分铬铁矿颗粒会逐步溶解进入渣相，可还原的 Fe^{2+}、Cr^{3+} 阳离子进入渣相后，由于与焦炭表面接触良好、扩散阻力也较气体在曲折的微孔隙中扩散的阻力小，加之又处于温度下，反应速度常数很大，使含 FeO 和 Cr_2O_3 液态炉渣能直接从渣相中还原成金属。图8-3b 中金属珠(点1、2)的成分富铬贫铁的事实说明，大部分铬的合金化可能是通过渣相中直接还原并聚集生成金属珠。

当温度超过炉料的滴下温度时，熔化的渣铁将穿过焦炭层呈液滴状滴下，渣铁液滴在焦炭空隙间滴落的同时，将继续进行还原、渗碳等高温物理化学反应。在实际的高炉炼铁生产中，滴落带和风口燃烧区是进行液体渣铁与焦炭直接还原反应的最主要区域[13]。但是，在进行熔融滴下实验时，滴落的渣铁直接进入了常温冷却区域而被收集，因此，滴落后的渣铁将很快停止还原反应，就是因为这个缘故，矿相照片中显示滴落的铬矿石还原程度都不是很高(如图8-2c、 d),而停留在坩埚中的铬矿石(如图 8 - 2(e)、(f)所示)则由于时间较长,使得矿石的还原更充分,还原程度更高。

综合以上分析,可以对模拟竖炉条件下铬铁矿炉料在熔融滴下过程中的还原进行推测,由于炉料中铁矿还原温度低,在炉料未软熔之前,CO 气体通过焦炭的孔洞以及矿石颗粒间的缝隙扩散,将部分的铁矿及铬矿石中的铁氧化物间接还原出来。随着温度的升高,炉料中的铁矿首先软化、熔融和还原,压力下熔融的含 FeO 高的熔渣与焦炭接触,逐步将 FeO 首先还原生成金属铁。温度的进一步升高,含高 FeO 熔渣使熔剂和铬铁矿逐步熔化,含 FeO 和 Cr_2O_3 的炉渣在滴落穿过焦炭层时与焦炭继续反应生成含铬的铁,由于铁中铬很低,使 Cr_2O_3 具备还原的条件。另一方面,含高 FeO 的熔渣增加了其流动性,具有一定流动性的含 Cr_2O_3 渣先滴下(但可能来不及反应)。由于 Cr_2O_3 在渣中溶解度较低,因此滴下的熔渣中存有未溶解的铬矿,但这些渣中的铬矿都是细小的,否则不能滴下。而颗粒大且未溶解的铬矿则滞留在坩埚内,绝大多数的反应是熔融还原,即熔融的渣与焦炭间的反应。

8.5 小结

(1)铬铁矿在熔融滴下过程中后落下的铬铁矿滴下物的还原程度要比先滴下的高,相应地,后滴下的金属中铬含量也相对较高。

(2)混合炉料中的铁矿优先于铬矿而得到还原,而铬铁矿中的铁氧化物还原则优先于铬氧化物的还原。滴下的金属珠中的产物主要为 Fe、FeC 或(Cr, Fe)$_7$C$_3$。

(3)含铬炉料在模拟竖炉中的还原过程可分为两个阶段,先是铬铁矿通过 CO 气体的间接还原;其后由于温度较高以及渣相的形成,铬铁矿部分溶解进入渣中,与固体碳接触后直接从渣相中还原出来。

(4)CO 气体对铬铁矿的还原符合未反应核模型,而含 Cr_2O_3 的熔渣与固体碳的反应则绝大多数是熔融还原反应。

参考文献

［1］ O. Soykan, R. H. Eric, R. P. King. The Reduction Mechanism of a Natural Chromite at 1,416℃. Metallurgical Transactions B, 1991, 22B(2): 53 - 63.

［2］ P. Weber, R. H. Eric. The Reduction Mechanism of Chromite in the Presence of a Silica Flux. Metallurgical Transactions B, 1993, 24B(6): 987 - 995.

［3］ Marko Kekkonen, Yanping Xiao, Lauri Holappa. Kinetics Study on Solid State Reduction of Chromite Pellets. INFACON 7 (Norway), 1995: 351 - 360.

［4］ Y. L. Ding, N. A. Warner, A. J. Merchant. Reduction of Chromite by Graphite with $CaO\text{-}SiO_2$ Fluxes. Scand. J. Metallurgy, 1997(26): 55 - 63.

［5］ D. Neuschutz, P Janben, G. Friedrich, et al. Effect of Flux Additions on the Kinetics of Chromite Ore Reduction with Carbon. INFACON 7 (Norway), 1995: 371 - 381.

［6］ Katayama Hiroshi G, Tokuda Masanori. The Reduction Behavior of Synthetic Chromites by Carbon. Tetsu-To-Hagane, 1979, 65(3): 331 - 340.

［7］ Katayama Hiroshi G, Tokuda Masanori. Reduction Behavior of Synthetic Chromites by Carbon. Transactions of the Iron and Steel Institute of Japan, 1980, 20(3): 154 - 162.

［8］ O. Soykan, R. H. Eric, R. P. King. Kinetics of the Reduction of Bushveld Complex Chromite Ore at 1,416℃. Metallurgical Transactions B, 1991, 22B(12): 801 - 810.

［9］ A. Lekatou, R. D. Walker. Mechanism of Solid State Reduction of Chromite Concentrate. Ironmaking and

Steelmaking, 1995, 22(5): 393 - 404.

[10] M. J. Niayesh. 铬铁矿固态还原. 铁合金,1994(3): 49 -55.

[11] R. H. Eric, O. Soykan, E. Uslu. 用固体碳和溶于液态合金中的碳还原铬铁矿尖晶石. INFACON 5 (USA), 1989: 64 -73.

[12] Katayama H. G. , Tokuda M. . Effect of Gases on the Reduction of Chromium Ore Pellet Containing Carbonaceous Material. Tetsu to Hagane, 1985, 71(14): 1607 - 1614.

[13] 周传典. 高炉炼铁生产技术手册. 北京: 冶金工业出版社, 2003.

第九章　铬铁矿在高炉中
的还原过程

竖炉型熔融还原法(高炉法)直接冶炼不锈钢母液具有铬回收率高、生产成本低、经济效益好的优势,是适合我国不锈钢生产发展的一种新工艺[1]。尽管二战时期的德国、前苏联[2-4],1962年美国Crucible钢公司[5]以及70年代末前苏联的乌克兰都采用高炉进行过生产铬铁的工业试验或小规模生产。但是,对铬铁矿在高炉中的形态结构变化及其还原过程,人们还只是根据现有普通炼铁高炉的知识来进行推测,其中存在许多知识空白点和疑问。高炉中铬矿石的还原是一个复杂的物理变化和化学变化的过程,它涉及铬矿石的预还原、软熔、成渣、滴下、熔融还原以及渣金反应等诸多步骤。

由于宝钢集团一钢不锈钢工程建设场地的需要和工期的紧迫,在255 m³高炉上进行的冶炼不锈钢母液工业试验达到预定的目标之后,高炉突然休风停炉,并将高炉永久拆除。此时,高炉内含铬炉料和渣铁仍保持着正常生产时的状态,在高炉拆除过程中,从高炉各个部位取出了大量的含铬粘渣块。因此,本章借助光学和扫描电镜(SEM)及能谱分析技术,对高炉中这些试样进行了研究,揭示出铬铁矿在高炉内的结构形貌、成渣及滴下行为和化学反应程度的变化,并结合第七章、第八章的实验研究,对铬矿石在高炉下落过程中的还原和机理进行了探讨。

9.1　试样来源及制备

在宝钢集团上钢一厂255 m³高炉成功进行了竖炉型熔融还原方法冶炼不锈钢母液的工业试验,采用的炉料主要有澳洲铬铁矿、海南铁矿、南非铁矿、一厂烧结矿、青龙山、吴泾焦炭及熔剂、锰矿等,它们的化学成分可见表6-1~表6-4。

在进行最后冶炼含铬24.1%铁水工业试验过程中,因故提前结束了本次工业试验。这时高炉内还留存了大量处于正常生产状态的矿石炉料,在随后进行的高炉拆炉工作中,分别从高炉的炉身、炉腰、炉腹及风口区等各部位收集了粘渣块和渣铁混合物。从外观上看,炉身部位的粘渣块中有块状的矿石及焦炭,风口区上沿取出的渣样颜色发绿,估计炉渣中含有铬。大量宝贵的炉内试样保存了含铬铁水冶炼时的还原反应信息。对这些试样的解剖分析有助于了解在高炉不同的部位铬矿石固相还原、熔融滴下、熔渣与焦炭之间熔态还原的行为,从而搞清楚在竖炉型反应器中铬矿石的还原机理,这无疑对优化高炉生产不锈钢母液操作和提高技术经济指标有重要的技术指导意义。

将收集到的大块高炉渣样敲碎解剖、分类,取φ10~15 mm左右碎块,用环氧树脂进行固化,试样脱模后经过研磨、抛光制成样品,分别进行光学显微镜观察并拍照,部分样品再经表面喷涂导电介质(金)后,进行扫描电镜(SEM)观察、元素分布面扫描以及EDAX微区成分能谱分析。

9.2　试样的光学观察

图9-1~图9-16分别为高炉各部位试样的光学照片,试样的光学照片可以反映出铬矿在高炉内各段还原过程中形貌结构及其还原程度的变化。图9-1和图9-2中的试样取自高炉炉身部位,从光学照片看到铬矿基本保持了其原始状态,基本上未有还原,颗粒间的脉石相中也没有发现金属颗粒的存在。图9-3、图9-4和图9-5中试样均取自高炉炉身与炉腰之间,从中发现铬矿颗粒之间产生了粘连,并且在铬矿颗粒边沿缝隙中出现还原出来的金属颗粒(照片中白色明亮物),尤以图9-4中试样比较明显。图9-6、图9-7和图9-8

的光学照片显示出炉腹或炉腹与炉缸之间的铬铁矿颗粒的还原程度
有了较大提高。图9-5～图9-8中的铬矿颗粒出现了明显的按未反
应核模型还原的进程。从图9-9～图9-12中还可以看到试样渣相中
均匀分布着许多的铬矿小颗粒，显示了铬矿大颗粒逐步向渣相溶解的
过程。图9-13～图9-14显示出了一个铬矿小颗粒还原后期的结构
变化情况，可以看到铬矿颗粒中有大量的金属形成，而且其整体已经得
到了较高程度的还原。图9-15和图9-16中显示了炉渣中有许多的
被还原出来的微小金属粒(白色小点)，图9-15中仍存有大量尚未完全
还原的铬矿小颗粒，而图9-16中则能看出炉腹渣呈明显的玻璃态渣。

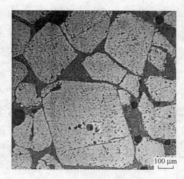

图9-1　试样 SF1(炉身)

图9-2　试样 SF2(炉身)

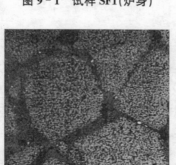

图9-3　试样 SF3(炉身与炉腰间)

图9-4　试样 SF4(炉身与炉腰间)

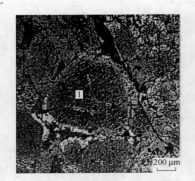

图 9-5 试样 SF5(炉身与炉腰间)

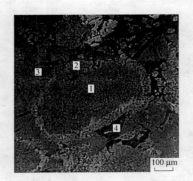

图 9-6 试样 SF6(炉腹)

图 9-7 试样 SF7(炉腹)

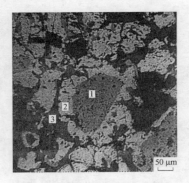

图 9-8 试样 SF8(炉腹与炉缸间)

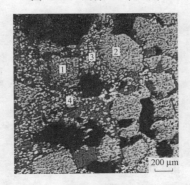

图 9-9 试样 SF9(风口区上沿)

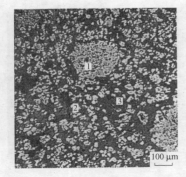

图 9-10 试样 SF10(炉腹与炉缸间)

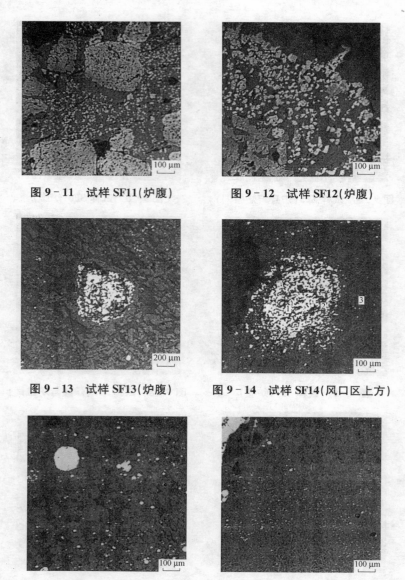

图 9-11　试样 SF11(炉腹)　　　　图 9-12　试样 SF12(炉腹)

图 9-13　试样 SF13(炉腹)　　　　图 9-14　试样 SF14(风口区上方)

图 9-15　试样 SF15(炉身与炉腰间渣)　　图 9-16　试样 SF16(炉腹渣)

照片中的数字分别是进行 EDAX-PHOENIX 能谱分析时微区点成分分析的位置,进行微区定点成分分析可以对试样中铬矿、渣和金属作元素浓度的定量分析,进一步探知铬矿还原程度、渣中成分的变化情况。

9.3 试样的扫描电镜观察和能谱分析

为了进一步获取已部分还原铬矿的还原信息及其表面结构的变化情况,对部分试样喷金后拍摄了电子扫描显微镜(SEM)照片。同时,还对试样进行了元素面扫描分析,更直观和形象地反映出铬矿还原过程中结构形貌及还原程度的变化。图 9 - 17 和图 9 - 19 分别是图 9 - 5 和图 9 - 14 中试样的 SEM 照片,图 9 - 18 为图 9 - 17 中试样分别进行 Cr、Fe、Mg、Al、Si、Ca 等 6 种元素面扫描的图像,图 9 - 20 则是图 9 - 19 中试样分别进行上述 6 元素面扫描的结果。

图 9 - 17 试样 SF5 的 SEM 照片

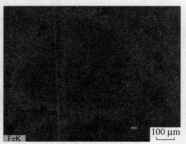

图 9‑18   试样 SF5 面扫描中 Cr、Fe、Mg、Al、Si、Ca 元素的分布

图 9‑19   试样 SF14 的 SEM 照片

图9-20 试样SF14面扫描中Cr、Fe、Mg、Al、Si、Ca元素的分布

图9-5中试样的光学照片可以看出该铬矿的还原程度比较低，从图9-18试样元素面扫描的图像能清晰地看出各元素的分布，Cr、Mg、Al元素主要分布在铬矿的颗粒中，铬矿中含有大量的镁铝尖晶石等脉石成分，故颗粒中镁、铝分布密度大。铁主要分布于铬矿颗粒的边沿，说明尽管该铬矿石的还原程度不高，但由于铬矿中的铁比铬

更容易还原,铁首先从铬矿石颗粒中还原出来,并聚集在铬矿石的边沿。矿石颗粒边沿中 Si、Ca 的分布密度较大,一方面这是高炉炉料中添加的硅石和石灰石溶剂渗透到铬矿颗粒的边沿所带来的,另一方面铬矿的脉石相中也会存在一定的硅元素,这从第三章澳大利亚铬铁矿的元素扫描图像中可以得到证实。

而图 9 - 19 中试样的整体还原程度比较高,从图 9 - 20 中对六种元素的面扫描结果来看,其元素分布与部分还原铬矿的元素分布有很大的不同。我们可以发现:处于整体还原后期的铬矿颗粒基本上可以分为三层,最外层主要含 $MgAl_2O_4$,故其外层 Mg、Al 含量较高。中间层为贫铁层,这两层的情况与 Katayama[6] 研究描述的完全相同,但有区别的是核心层的还原情况,高炉中还原后期的铬矿颗粒的核心层富集 Fe、Cr,而 Katayama 研究认为核心层为几乎未还原的铬矿层,这可能是由于还原时间上的差别造成的,高炉中试样由于停留时间较长而导致铬矿整体上得到还原。

另外,利用 EDAX-PHOENIX 能谱分析仪对铬矿颗粒不同部位、炉渣及金属进行了微区定点成分分析,光学照片中的数字即为点分析的位置,结果列于表 9 - 1。

表 9 - 1　能谱分析点成分结果/%

试样	点位	Cr	Fe	Mg	Al	Si	Ca	Σ
SF5	1	42.11	23.10	3.13	23.43	1.64	6.59	100
SF6	1	37.95	16.57	27.79	12.68	3.82	1.18	100
	2	12.08	42.63	13.40	3.67	17.87	10.36	100
	3	6.50	45.36	5.36	13.89	14.72	14.17	100
	4	2.01	8.72	1.54	14.32	45.07	28.35	100
SF8	1	28.49	16.24	26.16	24.08	3.06	1.97	100
	2	5.35	58.89	6.12	20.38	7.00	2.27	100
	3	3.19	24.69	3.43	6.52	42.32	19.86	100

续 表

试样	点位	Cr	Fe	Mg	Al	Si	Ca	Σ
SF9	1	43.44	16.93	20.60	16.15	1.87	1.01	100
	2	43.29	16.50	19.51	17.66	2.21	0.83	100
	3	1.23	4.38	1.18	24.55	52.27	16.39	100
	4	20.48	49.59	16.42	10.39	2.50	0.62	100
SF10	1	43.78	18.72	21.34	13.80	1.85	0.52	100
	2	17.13	58.77	16.08	5.00	2.33	0.69	100
	3	1.30	14.29	7.50	9.11	48.02	19.77	100
SF14	1	56.51	35.14	0.37	0.37	7.32	0.29	100
	2	3.75	1.42	23.62	69.89	1.14	0.17	100
	3	0.00	0.31	11.59	9.77	53.41	24.92	100

9.4　讨论

根据能谱分析的结果,并对照试样的光学照片和扫描电镜照片,可以大致判断铬矿的还原程度以及炉渣成分的变化。试样 SF5 中点 1 的 Cr/Fe 比与铬铁矿原料的 Cr/Fe 比非常接近,其 Cr/Fe 比为 1.82,而原矿 Cr/Fe 比是 1.89。从试样 SF6 和 SF8 点分析的结果以及 SF5 试样的元素面扫描结果来看,铬矿颗粒的边沿(浅色物)的铁含量较高,而 Cr/Fe 比大大降低,说明铬矿颗粒中铁比铬优先得到还原,并存在铁和铬离子的迁移,这与 Soykan、Weber 等人[7-8] 提出的铬矿颗粒还原的离子扩散模型相符合,铁离子逐级还原并向颗粒的表面迁移,因此试样 SF6 和 SF8 中点 2 的 Fe 元素比 Cr 元素含量要高得多。从试样 SF6 中点 4 和试样 SF8 中点 3 的成分看,炉渣中 Si、Ca 和 Fe 较高,Cr 含量极低,说明 Cr_2O_3 在渣中的溶解度较低,而 FeO 能较多地溶解进入炉渣中,Si、Ca 主要是高炉炉料中的硅石和石灰石带来的。试样 SF9 中点 1、2 和试样 SF10 中的点 1 为铬铁矿大颗粒的成分,而均匀分散于炉渣中的铬矿小颗粒的成分(SF9 中的点 4 和 SF10 中的点 2)有很大的变化,其 Fe 含量大大增加,而 Cr 含量有所降低,说明铬矿在高炉内下降过程中,大颗粒铬矿逐步向炉渣中溶解并分解为大量的铬矿小颗粒,且小颗粒铬矿的还原程度明显地提高。图 9-12 中试样也可以看到边沿有很多分散的铬矿小颗粒。试样 SF14 中明亮物(点 1)的 Cr、Fe 含量相当高,且 Cr 含量比 Fe 含量高得多,而 Mg、Al、Ca 含量极低,有一定量的 Si,说明这些明亮物应该是还原出来的铬铁金属。点 3 是炉渣成分,而点 2 中 Mg、Al 较高,其他元素含量低,说明试样中点 2 是铬铁矿中脉石成分,主要是镁铝尖晶石。从该试样点成分分析来看,此铬铁矿中铬铁大部分已经还原,并且其金属化程度非常高。

对于微小的铬矿颗粒的还原,可以从微观上用图 9-21 来进行描述,具体的过程分为:(1)铬矿颗粒表面的 Fe^{3+} 和 Fe^{2+} 离子首先被还原成金属,紧接着 Cr^{3+} 离子还原为二价铬离子;(2)Cr^{2+} 离子向铬矿颗粒中心扩散,将颗粒表面处尖晶石中的 Fe^{3+} 还原为颗粒内外核界面处的 Fe^{2+} 离子,然后 Fe^{2+} 离子向表面扩散,最终还原成金属铁;(3)铁全部被还原后,Cr^{3+} 和 Cr^{2+} 离子还原为金属态,剩下的是不含铁和铬的尖晶石—$MgAl_2O_4$。

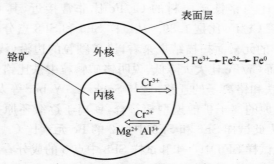

图 9-21 铬铁矿颗粒在高炉中的还原模型示意图

　　根据上面的讨论以及现有的关于铁矿在高炉下降过程中的还原方面的知识,再结合前面实验室研究的结果,我们可以对铬矿石在高炉中的还原过程情况进行推测。

　　从宏观上看,铬矿石从高炉炉顶加入后,随铁矿石、焦炭、熔剂等一起下落,而含一定量 CO 的炉气上升。在炉顶和炉身部位由于温度还不够高,铬矿石基本保持了其原始状况,而铁矿石的还原温度较低,高于 700℃ 左右就可以开始还原,因此,在矿石的边沿能发现首先被还原出来的含铁金属小颗粒或主要含铁的金属带,如图 9-4、图 9-5 所示。与此同时,随着温度的升高和还原反应的进行,有可能产生矿石的粉化现象(爆裂或还原粉化)[7],大块的铬矿石会逐步软化、分解,使大块铬矿破碎分解成较小的铬矿颗粒。熔渣形成后,它能不断渗透到块状铬矿的缝隙中,会加速这种进程,从图 9-9 至图 9-12 中试样的光学照片中能看到这种明显的变化。随着铬矿的进一步下降,温度进一步地升高,铬矿石中的铁氧化物能优先从颗粒中得到还原,并形成环状物包裹在铬矿颗粒的周围,我们可以从炉腰、炉腹间得到的试样中观察到(如图 9-5~图 9-8 所示),而且此处的铬矿石具有典型的气-固未反应核还原特点。在炉料中的铁矿石以及铬矿石中的铁氧化物逐步先还原出来之后,可以有利于铬氧化物的还原。进入软熔带后,炉渣、还原出来的金属铁以及尚未完全还原的微小铬矿颗粒会逐步滴落,在通过焦炭层时,未完全还原的铬矿颗粒将直接与焦炭接触,此时的温度及还原气氛将更有利于铬矿的还原。并且在滴落进入炉缸区域的过程中,由于煤气的大量通过,未还原的铬氧化物能继续进行还原、渗碳等反应,此时是铬矿进行高温物理化学反应的主要区域,这时的铬矿将得到比较充分的还原,从风口区上方得到的铬矿试样(图 9-14)可以看到其还原的程度非常高,几乎整体得到了还原。风口区是燃料燃烧产生高温热能和气体还原剂的区域,根据炼铁高炉的基本理论[8],在滴落带的下沿,这里存在一定数量的含铬液体渣铁与焦炭间的直接还原反应,使通过焦炭滴落层未来得及还原的铬氧化物能进一步还原成金属铬。最终进入炉缸后渣铁分离,炉渣中的铬氧化物含量极低,这点可以从第六章工业试验时终渣的成分中得到印证,冶炼含铬 20% 阶段不锈钢母液时的终渣中 Cr_2O_3 含量最高也就 0.25%。

我们再从微观上来看,根据图 9-5~图 9-8 中试样的光学照片及面扫描和点成分能谱分析的结果,可以认为高炉中上部的单个铬矿颗粒的还原主要是通过 CO 气体的间接还原,符合气固未反应核模型。具体的过程应该是高炉中的 CO 气体通过焦炭的孔洞以及颗粒间的缝隙扩散到铬铁矿颗粒表面,还原反应从铬铁矿的表面开始,铬矿石中的铁氧化物首先得到还原,并逐渐向中心推进。因此可以看到图 9-6~图 9-8 中反应物和产物层之间有较明显的界限,反应在层间的相界面附近区域进行,形成的固相产物仍保持在原来铬铁矿颗粒的外层,而铬铁矿颗粒内部则是未反应的部分。

在单个铬矿颗粒被 CO 气体的还原过程中,铬矿颗粒中铁比铬优先得到还原,并存在铁和铬离子的迁移,与 Soykan 和 Weber 等人[9-10]提出的铬矿还原的离子扩散模型相符合,铁离子逐级还原并向颗粒的外表面迁移,而铬离子由于浓度差的缘故,使其有通过反应界面向颗粒内部迁移的趋势。

9.5 小结

本章通过对高炉内铬铁矿、炉渣的光学观察、SEM 及微区点成分能谱分析,结合普通高炉炼铁的知识对铬铁矿在高炉内的还原过程及机理作出了初步的推断。

铬铁矿在高炉内从炉顶下降到炉缸的过程中,大块铬矿会逐步熔化、分解、滴下、还原。炉顶与炉身部位之间的铬铁矿基本上还保持了矿石的原有形态,炉身、炉腰和炉腹部位的铬矿石具有一定的还原度,而且铬矿石中铁氧化物会优先得到还原,其还原机理完全符合气固未反应核模型的特性,铬矿颗粒通过 CO 气体的间接还原可能是此处反应的主要类型。进入熔融滴下带和炉缸风口区的未完全还原的铬矿小颗粒,由于与焦炭层的直接接触,再加上此处的高温和较为有利的还原气氛,尚未完全还原的铬矿颗粒得到了较为完全的整体还原,滴落带下沿的含铬渣铁与焦炭的直接还原可能是此处的铬矿还原的主要形式。

由于现场取样条件受到限制,高炉某些部位的试样无法取到,另一方面,虽然高炉进行了打水冷却,但高炉中下部仍没有完全冷却,矿石在其中会继续得到还原。因此,这次从高炉中得到的试样信息可能还难以准确和完整地反映铬铁矿在高炉中的实际还原过程和形态。

参考文献

[1] 李一为,丁伟中,郑少波,等.不锈钢母液制备新工艺.特殊钢,2002,23(1):23-26.

[2] Von Hans Marenbach. Die Erzeugung von Ferrochrom im hochofen (Production of Ferrochromium in a Blast Furnace). Stahl und Eisen, 65. Jahrg. , Nr. 5/6, 1. Februar, 1945:57-64.

[3] М. Х. Дукащенкоц Б. Б. Йващев. СталЪ, 1944 (9 - 10):4-8.

[4] Г. В. Гацэуковц М. Х. Дукащенко. СтацЪ, 1945 (9 - 10):3-7.

[5] F. C. Langenberg, C. W. McCoy, E. L. Kern. Manufacture of Stainless Steel in the Top-Blown Oxygen Converter. Blast Furnace and Steel Plant, August, 1967:695-701.

[6] Katayama Hiroshi G, Tokuda Masanori, Ohtani Masayasu. Compositional and Structural Changes in Chromite during Reduction with Carbon. Tetsu-To-Hagane, 1984, 70(11):1559-1566.

［7］ 成兰伯.高炉炼铁工艺及计算.北京：冶金工业出版社，1999.

［8］ 周传典.高炉炼铁生产技术手册.北京：冶金工业出版社，2003.

［9］ Soykan, O., Eric, R. H., King, R. P.. The Reduction Mechanism of a Natural Chromite at 1,416℃. Metallurgical Transactions B, 1991, 22B(2): 53 - 63.

［10］ P. Weber, R. H. Eric. The Reduction Mechanism of Chromite in the Presence of a Silica Flux. Metallurgical Transactions B, 1993, 24B(6): 987 - 995.

第十章　结　　论

　　本论文围绕着竖炉法生产不锈钢母液的实践和理论研究这一主线,主要开展了两方面的研究工作。

　　(一)在新的技术和现实条件下重新提出了采用竖炉法生产不锈钢母液的新工艺,为此专门进行了一系列的工艺准备实验,包括含铬炉料的熔融滴下性能的测定;渣型的选择及炉渣粘度的测定;不锈钢母液液相线及其流动性能的测定。经过充分准备,首次在我国255 m³竖炉上成功地进行了直接生产不锈钢母液的工业性试验,获取了大量的现场数据。

　　炉料的熔滴性能测定结果表明:生产不锈钢母液的炉料的软化开始温度与冶炼普通生铁的烧结矿比较接近,但软化终了温度及滴下温度均比生产普通生铁炉料的有所提高,含铬炉料的滴下温度比烧结矿至少高 40℃,比海南铁矿和南非铁矿分别高约240℃和30℃。

　　经过实验分析确定了竖炉法生产不锈钢母液时的四元炉渣成分,工业试验时合理炉渣成分控制范围为:Al_2O_3 15% ~ 20%、MgO 10%~15%、$CaO/SiO_2 = 0.9~1.0$、$(CaO + MgO)/(Al_2O_3 + SiO_2) = 0.9~1.0$,炉渣理论熔点控制在 1 400~1 530℃。在温度高于 1 450℃时,所设计的五种成分的炉渣粘度均低于 10 Pa·s。实验测定表明:炉渣中含少许 MnO 可以有效地降低终渣粘度。因此,工业试验时可以配加适量锰矿来调节炉渣渣型,改善炉渣的流动性。

　　不锈钢母液从竖炉中能否顺畅排出是工业试验顺利进行的关键,母液流出后不会因温度低而在铁沟或钢包中发生冻结。根据实验测定结果得知,不锈钢母液凝固点温度与含铬量呈近似两次方的关系,含铬量越高,母液的凝固点温度就越高。另外,含铬量越高,不锈钢母液的流动性就越差。势力学计算表明:铁水含铬量较高时,影响母液粘度,降低其流动性的主要原因是母液中会析出如 Cr_3C_2 的固体碳化物。对冶炼工艺的分析后认为:竖炉法生产不锈钢母液时,出铁的温度必须比冶炼普通铁水时提高 $100\sim200℃$,才能保证渣铁的顺利排放,并满足后续工艺的要求。

在宝钢集团上海一钢公司 255 m^3 普通高炉上成功实现了直接生产不锈钢母液的工业试验,这是我国首次在竖炉上成功地进行不锈钢母液的生产。论文的第八章详细介绍了此次工业试验的准备工作以及试验结果。为期九天的工业试验共生产含铬量 5%~21.3% 的不锈钢母液近千吨,铬收得率高达 98.02%。试验中炉渣保持在 $CaO/SiO_2 = 0.87\sim1.01$;$Al_2O_3 = 16.57\%\sim22.75\%$;$MgO = 14\%\sim15.81\%$ 范围内,渣温维持在 1 475~1 611℃ 之间,铁水温度为1 418~1 504℃,高炉炉况稳定顺行,渣铁排放正常。试验中还将含铬量为 15.6% 的 35.86 t 不锈钢母液由转炉冶炼后再经连铸和轧制加工得到了某种不锈钢板材,实现了不锈钢生产全流程的贯通,达到了试验的预期目的。试验期间的送风、装料、喷煤制度基本能适应生产不锈钢母液的需要,冶炼过程平稳,没有出现大的波动。现场获取的大量数据,为竖炉型反应器熔融还原冶炼不锈钢母液新工艺提供了重要的技术和经济指标依据。

由于主客观原因的影响,工业试验中焦比较高,导致经济指标不够理想,这是本次工业试验的遗憾。试验中还存在母液含磷量高、富氧和喷煤手段不够匹配、原料不理想、设备老化等问题,本论文对这些问题进行了详细的分析并提出解决的措施。根据高炉炼铁理论和工艺实践经验,预测了采用现代高炉炼铁冶炼技术和设备、优化原料和改善操作条件后降低焦比和提高冶炼强度的可能性和效果。

(二)着重针对铬铁矿在竖炉中还原的过程及其机理,开展了大量的实验研究。模拟了铬铁矿在竖炉块状带、软熔带及滴下带的还原条件,进行了铬铁矿球团的固态还原和熔融滴下过程还原的实验研究,探讨了铬铁矿固态还原和在熔融滴下过程中的还原机理。另外,在高炉拆解时采集了大量工业试验时炉内试样,并通过光学、扫描电镜、能谱分析等技术手段,对矿石样的结构、形貌、微区成分等进行了分析研究。最后推测了铬铁矿在竖炉中的还原过程及其还原机理。

在模拟高炉上部较低的温度和气氛条件下,研究了添加较大量铁矿时对铬矿碳热固态还原的促进作用以及温度、矿物颗粒尺寸、还原剂种类、球团配碳量和不同矿物比对球团还原率的影响,并探讨了铬铁矿的固态还原机理。

含铬球团的固态还原实验同时采用了质谱仪气体分析法和失重分析法。与一般研究铬铁矿的还原实验假设只产生一种气体不同,质谱仪气体分析法发现球团在还原过程中会同时逸出 CO 和 CO_2 两种气体,气相质谱分析法具有更精确、更合理的优点。实验中发现球团还原时总是先产生 CO_2 气体,然后才有 CO 气体的生成,而产生的两种气体成分随温度变化而变化,温度低于 $1\,000\,℃$ 时,还原产物中以 CO_2 气体为主,高温下还原产物主要是 CO,但仍存在较大部分的 CO_2 气体。

研究结果表明:含碳铬矿铁矿混合球团的固态还原受温度的影响较大,温度越高,球团的最终还原率也越高。含澳铬矿/铁矿比为 $2/5$ 的混合球团在 $1\,100\,℃$ 时主要是完成了配入的铁矿和铬矿中铁氧化物的还原。球团中铬氧化物得到还原的温度至少应该高于 $1\,150\,℃$。球团中铁矿的含量增加,则能促进球团中铬矿的还原,含澳铬矿/铁矿比为 $1/5$ 的球团经过 $1\,100\,℃$ 的还原能明显地观察到铬矿边沿产生了部分还原。失重法测定结果表明含澳铬矿/铁矿比为 $2/5$ 的混合球团经过 $1\,300\,℃$、$25\,min$ 还原后,球团中的铬氧化物才能得到大部分的还原。

球团中矿石颗粒的粒度越细,还原反应速度越快。粒度越小,球团试样的最终还原率越高,但矿石粒度细到一定程度后对进一步提高球团还原率的贡献不大。

对于不同的还原剂,实验结果表明焦炭的还原特性优于石墨碳,添加焦炭的球团终点还原率高于含石墨的球团。球团还原率随配碳量增加而提高,但在一定温度下存在一个最佳的含碳量。配碳量过量,铬矿球团还原率的提高缓慢,还原效果不显著。

实验中比较了两种铬矿的还原性能,结果表明:澳大利亚铬矿的还原性略好于伊朗铬矿,选择合适的铬矿和铁矿比例混合造球可以提高氧化铬的还原率,降低了氧化铬开始还原温度。

研究认为铬铁矿混合球团在温度较低的还原初始期,还原反应的速率限制环节受 Boudouard 反应控制;高速反应期为 Boudouard 反应和扩散混合控制,还原机理模型为 $1-(1-Rc)^{1/3} = \kappa_{\text{表}} \cdot t$;还原后期限制环节为气态产物的扩散。实验测得含澳铬矿/铁矿比为 2/5 球团还原时的表观活化能为 72.2 kJ/mol。

铬铁矿在高炉冶炼时随炉料下降进入软融带后,此处是铬铁矿还原的一个重要区域,但铬铁矿在熔融滴下过程中的还原机理从未见文献报道。因此,本文的第八章模拟了竖炉条件下含铬铁矿炉料的熔融滴下过程,利用光学、SEM 及能谱分析技术,研究了铬铁矿在熔融滴下过程中的还原机理。主要结论如下:

在熔融滴下过程中,含铬混合炉料中的铁矿将优先于铬矿而得到还原,而铬铁矿中的铁氧化物还原则优先于铬氧化物的还原。后落下的铬铁矿滴下物的还原程度要比先滴下的高,相应地,后滴下的金属中铬含量也相对较高。X 射线衍射分析获知滴下的金属产物中主要是 Fe、FeC 或 $(Cr, Fe)_7C_3$。

分析认为含铬炉料在模拟竖炉中的还原过程可分为两个阶段,首先是铬铁矿在固态时通过 CO 气体的间接还原;其后由于温度较高以及渣相的形成,铬铁矿部分溶解进入渣中,与固体碳接触后直接从渣相中还原出来。CO 气体对铬铁矿的还原具有气固未反应核模型特性,而含 FeO 与 Cr_2O_3 的熔渣与固体碳的反应则绝大多数是熔融还原反应。

通过对高炉内采集到的铬铁矿、炉渣等的光学、扫描电镜观察及微区点成分能谱分析,并结合铬铁矿固态还原机理和在熔融滴下过程中还原机理的实验研究结果以及普通高炉炼铁的知识,对铬铁矿在高炉实际生产不锈钢母液时炉内的还原过程及机理作出了推断。

铬铁矿在高炉内从炉顶下降到炉缸的过程中,也是其温度逐渐升高的过程,大块铬矿会逐步粉化、分解、软化、滴下、还原。炉顶与炉身部位之间的铬铁矿基本上还保持了矿石的原有形态。炉身、炉腰和炉腹部位的铬矿石已经得到了一定程度的还原,且发现铬矿石中铁氧化物会优先得到还原,其还原机理完全符合气固未反应核模型的特征,铬矿颗粒主要是通过 CO 气体进行间接还原。从铬铁矿球团固态还原实验结果可以推测:在高炉上部的块状带区域(进入软熔带之前),炉料中的铁矿会首先得到还原,进而完成的是铬铁矿中铁氧化物的还原,且主要都是通过 CO 气体的间接还原,而铬氧化物的还原则极少。进入高炉滴落带的含铬渣铁在滴下过程中由于与焦炭层的直接接触,再加上高温和较为有利的还原气氛,能得到更为充分的还原,焦炭层是铬铁矿还原的最主要区域。

由于工业试验高炉中某些部位的试样难以取到,且高炉进行打水冷却后,其中下部仍不可能完全冷却,矿石在其中会继续得到一定程度的还原。因此,从高炉中得到的试样信息可能还难以准确和完整地反映铬铁矿在高炉中的实际还原过程和形态。而实验室模拟铬铁矿在滴落带和风口区的还原过程及机理的研究仍有较大的困难,但这应是今后研究工作的努力方向。

附录一 工业试验配料计算

表 6-20 铸造生铁计算结果（富氧率 2%，加锰矿）

铁水成分/%

Cr	Si	C	Mn	P
0	2	4.5	0.5	0.095

炉渣成分/%

CaO	SiO_2	MgO	Al_2O_3	MnO	R
32.88	35.96	13.88	15.91	1.36	0.91

炉气成分/%

CO	CO_2	N_2	H_2	CH_4
23.45	20.89	52.76	1.41	1.49

渣量 kg/t	煤气量 Nm^3/t	富氧率 %
315.3	2028.2	2

入炉原料和操作参数

入炉矿石/(kg/t)

澳铬矿	南非矿	海南矿	烧结矿
0	760.5	304.2	456.3

入炉熔剂/(kg/t)

锰矿	石灰石	白云石
36.6	16.5	145

焦炭 kg/t	煤粉 kg/t	风温 ℃	顶温 ℃	直接还原度	鼓风湿度 %	风量 Nm^3/t	硫负荷 kg/t	磷负荷 kg/t	理论燃烧温度 ℃
580	50	1000	300	0.4	2	1389.9	4.44	0.95	2214.9

铁水中磷的来源

	澳铬矿	南非矿	海南矿	烧结矿	锰矿	石灰石	白云石	焦炭	煤粉	总量
绝对量/(kg/t)		0.380	0.061	0.319	0.102			0.086		0.948
百分比/%		40.08	6.43	33.65	10.76			9.07		100

表6－21　含铬5%铁水计算结果(富氧率2%)

铁水成分/%					炉渣成分/%						炉气成分/%					渣量	煤气量	富氧率
Cr	Si	C	Mn	P	CaO	SiO2	MgO	Al2O3	MnO	R	CO	CO2	N2	H2	CH4	kg/t	Nm3/t	%
5	1.6	4.5	0.7	0.096	32.42	35.46	13.84	16.89	1.39	0.91	27.16	16.82	53.14	1.41	1.46	434.9	2 365.9	2

入炉原料操作参数

入炉矿石/(kg/t)				入炉熔剂/(kg/t)			焦炭	煤粉	风温	顶温	直接还原度	鼓风湿度	风量	硫负荷	磷负荷	理论燃烧温度
澳铬矿	南非矿	海南矿	烧结矿	锰矿	石灰石	白云石	kg/t	kg/t	℃	℃		%	Nm3/t	kg/t	kg/t	℃
188.0	563.9	338.4	507.5	51.2	121.2	80	670	50	1 000	300	0.4	2	1 632.8	4.82	0.96	2 222.6

铁水中磷的来源

	澳铬矿	南非矿	海南矿	烧结矿	锰矿	石灰石	白云石	焦炭	煤粉	总量
绝对量/(kg/t)	0.009	0.282	0.068	0.355	0.143			0.100		0.957
百分比/%	0.9	29.5	7.11	37.1	14.9			10.4		100

表6-22 含铬10%铁水计算结果(富氧率2%)

铁水成分/%					炉渣成分/%						炉气成分/%					渣量	煤气量	富氧率
Cr	Si	C	Mn	P	CaO	SiO_2	MgO	Al_2O_3	MnO	R	CO	CO_2	N_2	H_2	CH_4	kg/t	Nm^3/t	%
10.0	1.8	4.75	0.7	0.092	31.21	34.14	14.74	18.73	1.19	0.91	29.96	13.74	53.44	1.42	1.44	508.1	2667.7	2

入炉原料和操作参数

入炉矿石/(kg/t)				入炉熔剂/(kg/t)			焦炭	煤粉	风温	顶温	直接还原度	鼓风湿度	风量	硫负荷	磷负荷	理论燃烧温度
澳铬矿	南非矿	海南矿	烧结矿	锰矿	石灰石	白云石	kg/t	kg/t	℃	℃		%	Nm^3/t	kg/t	kg/t	℃
375.9	385.9	360.2	540.3	51.2	192.5	10	750	50	1000	300	0.4	2	1851.4	5.10	0.92	2227.8

铁水中磷的来源

	澳铬矿	南非矿	海南矿	烧结矿	锰矿	石灰石	白云石	焦炭	煤粉	总量
绝对量/(kg/t)	0.019	0.193	0.072	0.378	0.143			0.111		0.916
百分比/%	2.1	21.1	7.9	41.3	15.6			12.1		100

表6-23 含铬15%铁水计算结果(富氧率2%)

铁水成分/%					炉渣成分/%						渣量	煤气量	富氧率
Cr	Si	C	Mn	P	CaO	SiO₂	MgO	Al₂O₃	MnO	R	kg/t	Nm³/t	%
15	2	5	0.9	0.083	31.99	34.99	14.53	17.39	1.11	0.91	700.1	3 234.1	2

炉气成分/%				
CO	CO₂	N₂	H₂	CH₄
33.15	10.70	53.31	1.41	1.44

入炉原料和操作参数

入炉矿石/(kg/t)				入炉熔剂/(kg/t)			焦炭	煤粉	风温	顶温	直接还原度	鼓风湿度	风量	硫负荷	磷负荷	理论燃烧温度
澳铬矿	南非矿	海南矿	烧结矿	锰矿	石灰石	白云石	kg/t	kg/t	℃	℃		%	Nm³/t	kg/t	kg/t	℃
563.9	0	715.1	476.7	65.8	340.7	0	920	50	1 000	300	0.4	2	2 239.0	6.79	0.83	2 234.6

铁水中磷的来源

	澳铬矿	南非矿	海南矿	烧结矿	锰矿	石灰石	白云石	焦炭	煤粉	总量
绝对量/(kg/t)	0.028	0	0.143	0.334	0.184	0	0	0.137	0	0.826
百分比/%	3.39	0	17.31	40.44	22.28	0	0	16.59	0	100

表 6-24 含铬 17.5% 铁水计算结果（富氧率 2%）

铁水成分/%									
Cr	Si	C	Mn	P					
17.5	2.1	5.1	0.9	0.078					

炉渣成分/%							富氧率	煤气量	渣量
CaO	SiO₂	MgO	Al₂O₃	MnO	R		%	Nm³/t	kg/t
31.33	34.27	15.41	17.95	1.04	0.91		2	3 438.4	742.0

炉气成分/%					
CO	CO₂	N₂	H₂	CH₄	
34.16	9.70	53.29	1.41	1.44	

入炉原料和操作参数

入炉矿石/(kg/t)					入炉熔剂/(kg/t)		焦炭	煤粉	风温	顶温	直接还原度	鼓风湿度	风量	硫负荷	磷负荷	理论燃烧温度
澳铬矿	南非矿	海南矿	烧结矿	锰矿	石灰石	白云石	kg/t	kg/t	℃	℃	%	%	Nm³/t	kg/t	kg/t	℃
657.8	0	725.6	390.7	65.8	375.2	0	980	50	1 000	300	0.4	2	2 379.6	7.11	0.78	2 236.5

铁水中磷的来源

	澳铬矿	南非矿	海南矿	烧结矿	锰矿	石灰石	白云石	焦炭	煤粉	总量
绝对量/(kg/t)	0.033	/	0.145	0.273	0.184	/	/	0.146	/	0.781
百分比/%	4.23	/	18.57	34.96	23.56	/	/	18.69	/	100

表 6 - 25　含铬 20% 铁水计算结果（富氧率 2%）

铁水成分/%						炉渣成分/%						渣量	煤气量	富氧率
Cr	Si	C	Mn	P		CaO	SiO₂	MgO	Al₂O₃	MnO	R	kg/t	Nm³/t	%
20	2.2	5.2	1	0.071		31.31	34.25	15.45	17.94	1.06	0.91	811.6	3 691	2

炉气成分/%				
CO	CO₂	N₂	H₂	CH₄
35.25	8.79	53.12	1.40	1.45

入炉原料和操作参数

入炉矿石/(kg/t)				入炉熔剂/(kg/t)			焦炭	煤粉	风温	顶温	直接还原度	鼓风湿度	风量	硫负荷	磷负荷	理论燃烧温度
澳铬矿	南非矿	海南矿	烧结矿	锰矿	石灰石	白云石	kg/t	kg/t	℃	℃		%	Nm³/t	kg/t	kg/t	℃
751.8	0	830.8	207.7	73.2	207.7	455.6	1 060	50	1 000	300	0.4	2	2 546.2	7.73	0.71	2 238.5

铁水中磷的来源

	澳铬矿	南非矿	海南矿	烧结矿	锰矿	石灰石	白云石	焦炭	煤粉	总量
绝对量/(kg/t)	0.038	/	0.166	0.145	0.205	/	/	0.157	/	0.711
百分比/%	5.34	/	23.35	20.39	28.83	/	/	22.08	/	100

附录二　工业试验实际炉料表

表 6－28　铸造铁炉料表

原料名称	配合数量 %	配合数量 Kg	Fe %	Fe Kg	Mn %	Mn Kg	Cr %	Cr Kg	P %	P Kg	S %	S Kg	SiO₂ %	SiO₂ Kg	Cr₂O₃ %	Cr₂O₃ Kg	CaO %	CaO Kg	Al₂O₃ %	Al₂O₃ Kg	MgO %	MgO Kg
烧结矿	33.1	1200	56.5	678	0.02	0.24			0.07	0.84	0.03	0.36	5.42	65.04			10.05	120.6	1.71	20.52	2.17	26.04
海南矿	16.3	500	56.3	281	0.03	0.15			0.02	0.1	0.25	1.25	16.25	81.25			0.5	2.5	0.8	4	0.28	1.4
巴西矿	0	0	16.6	0	0.07	0	26.61	0	0.005	0	0.009	0	11.57	0	38.89	0	0		10.08	0	15.18	0
南非矿	40.7	1250	65.5	819	0	0			0.05	0.625	0.006	0.075	4.17	52.13			0.04	0.5	1.2	15	0.02	0.25
锰矿	3.91	120	8.62	10.3	22.78	27.34			0.28	0.336	0.024	0.029	38.95	46.74			1.6	1.92	1.75	2.1	1.12	1.344
铁矿石总量		3070		1788		27.73		0	0.158	1.901		1.714		245.2		0		125.5		41.62		29.034
煤粉		200	4.69	0.78	11.86	23.72				0.037	0.405	0.81	41.13	9.756			9.02	2.14	32.97	7.82	0.86	0.204
焦炭		1400	8.14	9.88	12.38	173.3			0.12		0.58	8.12	43.74	75.81			5.05	8.753	36.86	63.89	2.02	3.5011

（注：煤粉、焦炭栏中 Fe 列为 Fe₂O₃，Mn 列为 Ash）

续 表

原料名称	配合数量 %	配合数量 Kg	Fe %	Fe Kg	Mn %	Mn Kg	Cr %	Cr Kg	P %	P Kg	S %	S Kg	SiO2 %	SiO2 Kg	Cr2O3 %	Cr2O3 Kg	CaO %	CaO Kg	Al2O3 %	Al2O3 Kg	MgO %	MgO Kg
石灰石		0	0	0			0	0		0	0.25	0	0.77	0	0	0	48.45		1.75	0	0.19	0
白云石		200	0	0			0	0		0	0.28	0.56	1.48	2.96			29.8	59.6	1	2	21.32	42.64
硅石			0	0			0	0		0	0.54		95.1			0	0.31		1.36	0	0.03	0
一批料含量				1799		27.73		0		1.938		11.2		333.7		0		196		115.3		75.379
还原的数量				1793		16.64				1.938		0.56		83.08								
造渣数量				5.4		11.09		0		0		9.523		250.6				196		115.3		75.379

炉 渣 成 份

理论计算	SiO2	CaO	Al2O3	MgO	MnO	Cr2O3	FeO	S/2	总计	R2	R3	Ls
Kg	251	196	115	75.38	14.32	0	6.938	4.762	663.3	0.782	1.083	17
%	37.8	29.5	17.4	11.36	2.158	0	1.046	0.718				24.84

生 铁 成 份

理论计算	Fe	Si	Mn	P	S	Cr	C
Kg	1793		16.6	1.938	0.56	0	87.23
%	92.5	38.8	0.86	0.1	0.029	0	4.50

矿石平均成分

Fe	Mn	P	S	SiO2	Al2O3	CaO	MgO
58.24	0.903	0.062	0.056	7.986	1.356	4.089	0.946

各 种 比 数

项目	数值
氧负荷	5.7797
渣量	342.19
焦比(湿)	722.21
焦炭负荷	2.1929
综合负荷	1.9679
熔剂单耗	103.17
云石单耗	103.17
矿石单耗	1583.7

元素分配系数/%

	Fe	Mn	P	Cr	S
入铁	99.7	60	100	97	5
入渣	0.3	40	0	3	85

出铁量 1938

表 6 - 29 含铬 5% 生铁炉料表

原料名称	配合数量 %	配合数量 Kg	Fe %	Fe Kg	Mn %	Mn Kg	Cr %	Cr Kg	P %	P Kg	S %	S Kg	SiO₂ %	SiO₂ Kg	Cr₂O₃ %	Cr₂O₃ Kg	CaO %	CaO Kg	Al₂O₃ %	Al₂O₃ Kg	MgO %	MgO Kg
烧结矿	30.4	950	56.5	537	0.02	0.19			0.07	0.665	0.03	0.285	5.42	51.49			10.05	95.48	1.71	16.25	2.17	20.615
海南矿	22.4	700	56.3	394	0.03	0.21			0.02	0.14	0.25	1.75	16.25	113.8			0.5	3.5	0.8	5.6	0.28	1.96
镕铁矿	11.9	370	16.6	61.5	0.07	0.259	26.61	98.46	0.005	0.019	0.009	0.033	11.57	42.81	38.89	143.9	0	0	10.08	37.3	15.18	56.166
南非矿	28.8	900	65.5	589	0	0			0.05	0.45	0.006	0.054	4.17	37.53			0.04	0.36	1.2	10.8	0.02	0.18
锰矿	6.41	200	8.62	17.2	22.78	45.56			0.28	0.56	0.024	0.048	38.95	77.9			1.6	3.2	1.75	3.5	1.12	2.24
铁矿石总量		3 120		1 599		46.22		98.46		1.834		2.17		323.5		143.9		102.5		73.44		81.161
			Fe₂O₃		Ash																	
煤粉		200	4.69	0.78	11.86	23.72			0.158	0.037	0.405	0.81	41.13	9.756			9.02	2.14	32.97	7.82	0.86	0.204
焦碳		1 150	8.14	10.9	12.38	191.9			0.12	0	0.58	8.99	43.74	83.93			5.05	9.69	36.86	70.73	2.02	3.8762
石灰石		200	0	0						0	0.25	0.5	0.77	1.54			48.45	96.9	1.75	3.5	0.19	0.38
白云石		150	0	0						0	0.28	0.42	1.48	2.22			23.8	44.7	1	1.5	21.32	31.98
硅石			0	0						0	0.54	0	95.1	0			0.31	0	1.36	0	0.03	0

续 表

原料名称	配入数量 %	配入数量 Kg	Fe %	Fe Kg	Mn %	Mn Kg	Cr %	Cr Kg	P %	P Kg	S %	S Kg	SiO₂ %	SiO₂ Kg	Cr₂O₃ %	Cr₂O₃ Kg	CaO %	CaO Kg	Al₂O₃ %	Al₂O₃ Kg	MgO %	MgO Kg
一批料合量				1610		46.22		98.46		1.871		12.89		420.9				256		157		117.6
还原的数量				1605		27.73		95.5		1.871		0.645		79.35								
造渣数量				4.83		18.49		2.954		0		10.96		341.6				256		157		117.6

炉渣成份

	SiO₂	CaO	Al₂O₃	MgO	Cr₂O₃	MnO	FeO	S/2	总计
Kg	342	256	157	117.6	4.317	23.87	6.211	5.478	912
%	37.5	28.1	17.2	12.89	0.005	2.617	0.681	0.601	

R₂	R₃	Ls
0.749	1.094	17
		17.26

矿石平均成份

	Fe	Mn	P	S	SiO₂	Al₂O₃	CaO	MgO
	51.24	1.481	0.059	0.07	10.37	2.354	3.286	2.601

各种比数

	Kg
硫负荷	6.9618
渣量	492.56
焦比(湿)	837.13
焦炭负荷	2.0129
综合负荷	1.8246
熔剂单耗	189.03
云石单耗	81.012
矿石单耗	1685.1

元素分配系数 /%

理论计算	Fe	Mn	P	Cr	S
入铁	99.7	60	100	97	5
入渣	0.3	40	0	3	85

生铁成份

理论计算	Fe	Si	Mn	P	S	Cr	C
Kg	1605	37	27.7	1.871	0.645	95.5	83.32
%	86.7	2	1.5	0.101	0.035	5.158	4.50

出铁量 1852

表 6 - 30　含铬 12.5% 生铁炉料表

原料名称	配合数量 %	配合数量 Kg	Fe %	Fe Kg	Mn %	Mn Kg	Cr %	Cr Kg	P %	P Kg	S %	S Kg	SiO₂ %	SiO₂ Kg	Cr₂O₃ %	Cr₂O₃ Kg	CaO %	CaO Kg	Al₂O₃ %	Al₂O₃ Kg	MgO %	MgO Kg
烧结矿	15.8	400	56.5	226	0.02	0.08			0.07	0.28	0.03	0.12	5.42	21.68			10.05	40.2	1.71	6.84	2.17	8.68
海南矿	25.7	650	56.3	366	0.03	0.195			0.02	0.13	0.25	1.625	16.25	105.6			0.5	3.25	0.8	5.2	0.28	1.8
铬铁矿	27.7	700	16.6	116	0.07	0.49	26.61	186.3	0.005	0.035	0.009	0.063	11.57	80.99	38.89	272.2	0	0	10.08	70.56	15.18	106.26
南非矿	23.7	600	65.5	393	0	0			0.05	0.3	0.006	0.036	4.17	25.02			0.04	0.24	1.2	7.2	0.02	0.11
锰 矿	7.11	180	8.62	15.5	22.78	41			0.28	0.504	0.024	0.043	38.95	70.11			1.6	2.88	1.75	3.15	1.12	2.0
铁矿石总量		2530		1116		41.77		186.3		1.249		1.887		303.4		272.2		46.57		92.95		118
煤 粉		200	4.69	0.78	11.86	23.72			0.158	0.037	0.405	0.81	41.13	9.756			9.02	2.14	32.97	7.82	0.86	0.20
焦 碳		1360	8.14	9.59	12.38	168.4			0.12		0.58	7.888	43.74	73.64			5.05	8.503	36.86	62.06	2.02	3.40
石灰石		480	0						0		0.25	1.2	0.77	3.696			48.45	232.6	1.75	8.4	0.19	0.91
白云石		0	0						0		0.28		1.48				29.8		1	0	21.32	0
硅 石		0	0						0		0.54		95.1				0.31	0	1.36	0	0.03	0

(注：Fe 列下部煤粉、焦碳数据为 Fe₂O₃；Mn 列下部为 Ash)

续 表

原料名称	配合数量 %	配合数量 Kg	Fe %	Fe Kg	Mn %	Mn Kg	Cr %	Cr Kg	P %	P Kg	S %	S Kg	SiO₂ %	SiO₂ Kg	Cr₂O₃ %	Cr₂O₃ Kg	CaO %	CaO Kg	Al₂O₃ %	Al₂O₃ Kg	MgO %	MgO Kg
一批料含量				1127		41.77		186.3		1.286		11.79		390.5				289.8		171.2		123.4
还原的数量				1123		25.06		180.7		1.286		0.589		61.17								
造渣数量				3.38		16.71		5.588		0		10.02		329.3				289.8		171.2		123.4

炉渣成份

理论计算	SiO₂	CaO	Al₂O₃	MgO	MnO	Cr₂O₃	FeO	S/2	总计	R₂	R₃	Ls
Kg	329	290	171	123.4	21.57	8.167	4.346	5.009	952.9	0.88	1.255	17
%	34.6	30.4	18	12.95	2.264	0.009	0.456	0.526				12.73

生铁成份

理论计算	Fe	Si	Mn	P	S	Cr	C	出铁量
Kg	1123	28.5	25.1	1.286	0.589	180.7	67.8	1427
%	78.7	2	1.76	0.09	0.041	12.66	4.75	

元素分配系数%

	Fe	Mn	P	Cr
入铁	99.7	60	100	97
入渣	0.3	40	0	3

矿石平均成分

Fe	Mn	P	S	SiO₂	Al₂O₃	CaO	MgO
44.13	1.651	0.049	0.075	11.99	3.674	1.841	4.699

各种比数

项目	数值
矿铁负荷	8.2565
渣量	667.55
焦比(湿)	952.79
焦炭负荷	1.8603
综合负荷	1.6645
熔剂单耗	336.28
云石单耗	0
矿石单耗	1772.5

表 6-31　含铬 17.5%生铁炉料表

原料名称	配合数量 %	配合数量 Kg	Fe %	Fe Kg	Mn %	Mn Kg	Cr %	Cr Kg	P %	P Kg	S %	S Kg	SiO₂ %	SiO₂ Kg	Cr₂O₃ %	Cr₂O₃ Kg	CaO %	CaO Kg	Al₂O₃ %	Al₂O₃ Kg	MgO %	MgO Kg
烧结矿	10.6	200	56.5	113	0.02	0.04			0.07	0.14	0.03	0.06	5.42	10.84			10.05	20.1	1.71	3.42	2.17	4.34
海南矿	29.3	550	56.3	=309	0.03	0.165			0.02	0.11	0.25	1.375	16.25	89.38			0.5	2.75	0.8	4.4	0.28	1.54
铬铁矿	37.2	700	16.6	116	0.07	0.49	26.61	186.3	0.005	0.035	0.009	0.063	11.57	80.99	38.89	272.2	0	0	10.08	70.56	15.18	106.26
甫非矿	13.3	250	65.5	164	0	0			0.05	0.125	0.006	0.015	4.17	10.43			0.04	0.1	1.2	3	0.02	0.05
锰矿	9.57	180	8.62	15.5	22.78	41			0.28	0.504	0.024	0.043	38.95	70.11			1.6	2.88	1.75	3.15	1.12	2.016
铁矿石总量		1880		718		41.7		186.3		0.914		1.556		261.7		272.2		25.83		84.53		114.21
			Fe₂O₃		Ash																	
煤粉		200	4.69	0.78	11.86	23.72			0.158	0.037	0.405	0.81	41.13	9.756			9.02	2.14	32.97	7.82	0.86	0.204
焦碳		1950	8.14	13.8	12.38	241.4			0.12		0.58	11.31	43.74	105.6			5.05	12.19	36.86	88.98	2.02	4.8765
石灰石		450	0	0					0		0.25	1.125	0.77	3.465			48.45	218	1.75	7.875	0.19	0.855
白云石		0							0.28				1.48				29.8	0	1	0	21.32	0
硅石		0									0.54		95.1				0.31	0	1.36	0	0.03	0

续　表

原料配合

原料名称	配合数量		Fe		Mn		Cr		P		S		SiO₂		Cr₂O₃		CaO		Al₂O₃		MgO	
	%	Kg	%	Kg	%	Kg	%	Kg	%	Kg	%	Kg	%	Kg	%	Kg	%	Kg	%	Kg	%	Kg
一批料含量				733		41.7		186.3		0.951		14.8		380.6				258.2		189.2		120.14
还原的数量				730		25.02		180.7		0.951		0.74		47.51								
造渣数量				2.2		16.68		5.588		0		12.58		333				258.2		189.2		120.14

炉渣成份

理论计算

	SiO₂	CaO	Al₂O₃	MgO	MnO	Cr₂O₃	FeO	S/2	总计	R₂	R₃	Ls
Kg	333	258	189	120.1	21.53	8.167	2.825	6.291	939.4	0.775	1.136	17
%	35.5	27.5	20.1	12.79	2.292	0.009	0.301	0.67	933.4			9.119

矿石平均成份

Fe	Mn	P	S	SiO₂	Al₂O₃	CaO	MgO
38.19	2.218	0.049	0.083	13.92	4.496	1.374	6.075

各种比数

铁负荷	14.687
渣量	932.15
焦比(湿)	1935
焦炭负荷	0.9641
综合负荷	0.891
熔剂单耗	446.53
云石单耗	0
矿石单耗	1865.5

生铁成份

理论计算

	Fe	Si	Mn	P	S	Cr	C
Kg	730	22.2	25	0.951	0.74	180.7	47.87
%	72.5	2.2	2.48	0.094	0.073	17.93	4.75

出铁量 1008

元素分配系数/%

	Fe	Mn	P	S	Cr
入铁	99.7	60	100	5	97
入渣	0.3	40	0	85	3

表 6-32　含铬 20% 生铁炉料表

原料名称	配合数量 %	配合数量 Kg	Fe %	Fe Kg	Mn %	Mn Kg	Cr %	Cr Kg	P %	P Kg	S %	S Kg	SiO₂ %	SiO₂ Kg	Cr₂O₃ %	Cr₂O₃ Kg	CaO %	CaO Kg	Al₂O₃ %	Al₂O₃ Kg	MgO %	MgO Kg
烧结矿	0	0	56.5	0	0.02	0			0.07	0	0.03	0	5.42				10.05	0	1.71	0	2.17	0
海南矿	43.43	760	56.25	427.5	0.03	0.228			0.02	0.152	0.25	1.9	16.25	123.5			0.5	3.8	0.8	6.08	0.28	2.128
铬铁矿	40.57	710	16.63	118.1	0.07	0.497	26.61	188.9	0.005	0.0355	0.009	0.0639	11.57	82.15	38.89	276.1	0	0	10.08	71.57	15.18	107.78
南非矿	5.714	100	65.48	65.48	0	0			0.05	0.05	0.006	0.006	4.17	4.17			0.04	0.04	1.2	1.2	0.02	0.02
锰矿	10.29	180	8.62	15.52	22.78	41			0.28	0.504	0.024	0.0432	38.95	70.11			1.6	2.88	1.75	3.15	1.12	2.016
铁矿石总量		1750		626.6		41.73		188.9		0.7415		2.0131		279.9		276.1		6.72		82		111.94
煤粉		200	4.69	0.779	11.86	23.72			0.158	0.0375	0.405	0.81	41.13	9.756			9.02	2.1395	32.97	7.82	0.86	0.204
焦炭		1830	12.91	12.38	12.38	226.6			0.12	0	0.58	10.614	43.74	99.09			5.05	11.441	36.86	83.51	2.02	4.5764
石灰石		450								0	0.25	1.125	0.77	3.465			48.45	218.03	1.75	7.875	0.19	0.855
白云石		100								0	0.28	0.28	1.48	1.48			29.8	29.8	1	1	21.32	21.32
硅石		8.14									0.54	0	95.1				0.31	0	1.36		0.03	0

注：煤粉、焦炭行中 Fe 列为 Fe₂O₃，Mn 列为 Ash（灰分）。

续 表

原料表

原料名称	配合数量 %	配合数量 Kg	Fe %	Fe Kg	Mn %	Mn Kg	Cr %	Cr Kg	P %	P Kg	S %	S Kg	SiO$_2$ %	SiO$_2$ Kg	Cr$_2$O$_3$ %	Cr$_2$O$_3$ Kg	CaO %	CaO Kg	Al$_2$O$_3$ %	Al$_2$O$_3$ Kg	MgO %	MgO Kg
一批料含量				640.3		41.73		188.9	0.779	0.779		14.842		393.7				268.13		182.2		138.9
还原的数量		638.3		638.3		25.04		183.3		0.779		0.7421		42.97								
造渣数量				1.921		16.69		5.668		0		12.616		350.8				268.13		182.2		138.9

理论计算 炉渣成份

	SiO$_2$	CaO	Al$_2$O$_3$	MgO	Cr$_2$O$_3$	MnO	FeO	S/2	总计	R$_2$	R$_3$	Ls
Kg	350.8	268.1	182.2	138.9	8.284	21.55		2.47	978.6	0.7644	1.1604	17
%	35.84	27.4	18.62	14.19	0.008	2.202		0.252	6.3079	0.6446	0.7644	7.917

各种比数

铁负荷	16.283
渣量	1073.6
焦比(湿)	2007.7
焦炭负荷	0.9563
综合负荷	0.8794
熔剂单耗	603.4
云石单耗	109.71
矿石单耗	1919.9

矿石平均成份

Fe	35.804
Mn	2.3845
P	0.0424
S	0.115
SiO$_2$	15.996
Al$_2$O$_3$	4.6856
CaO	0.384
MgO	6.3967

理论计算 生铁成份

	Fe	Si	Mn	P	S	Cr	C	出铁量
Kg	638.3	20.05	25.04	0.779	0.742	183.3	43.3	911.51
%	70.03	2.2	2.747	0.085	0.081	20.11	4.75	

元素分配系数%

	Fe	Mn	P	Cr
入铁	99.7	60	100	97
入渣	0.3	40	0	3

表 6-33　含铬 20%生铁炉料表

原料名称	配合数量 %	配合数量 Kg	Fe %	Fe Kg	Mn %	Mn Kg	Cr %	Cr Kg	P %	P Kg	S %	S Kg	SiO₂ %	SiO₂ Kg	Cr₂O₃ %	Cr₂O₃ Kg	CaO %	CaO Kg	Al₂O₃ %	Al₂O₃ Kg	MgO %	MgO Kg
烧结矿	0	0	56.5		0.02	0			0.07		0.03	0	5.42	0			10.05	0	1.71		2.17	0
海南矿	35.7	600	56.3	338	0.03	0.18			0.02	0.12	0.25	1.5	16.25	97.5			0.5	3	0.8	4.8	0.28	1.68
铬铁矿	47.6	800	16.6	133	0.07	0.56	26.61	212.9	0.005	0.04	0.009	0.072	11.57	92.56	38.89	311.1	0.04	0	10.08	80.64	15.18	121.44
南非矿	5.95	100	65.5	65.5		0			0.05	0.05	0.006	0.006	4.17	4.17			0.04	0.04	1.2	1.2	0.02	0.02
锰矿	10.7	180	8.62	15.5	22.78	41			0.28	0.504	0.024	0.043	38.95	70.11			1.6	2.88	1.75	3.15	1.12	2.016
铁矿石总量		1 680		552	Ash	41.74		212.9		0.714		1.621		264.3		311.1		5.92		89.79		125.16
煤　粉		200	Fe₂O₃ 4.69	0.78	11.86	23.72			0.158	0.037	0.405	0.81	41.13	9.756			9.02	2.14	32.97	7.82	0.86	0.204
焦　碳		1 760	8.14	12.4	12.38	217.9			0.12		0.58	10.21	43.74	95.3			5.05	11	36.86	80.31	2.02	4.4013
石灰石		450		0						0	0.25	1.125	0.77	3.465			48.45	218	1.75	7.875	0.19	0.855
白云石		100		0						0	0.28	0.28	1.48	1.48			29.8	29.8	1	1	21.32	21.32
硅　石				0						0	0.54	0	95.1				0.31	0	1.36		0.03	0

续　表

原料名称	配合数量 %	配合数量 Kg	Fe %	Fe Kg	Mn %	Mn Kg	Cr %	Cr Kg	P %	P Kg	S %	S Kg	SiO$_2$ %	SiO$_2$ Kg	Cr$_2$O$_3$ %	Cr$_2$O$_3$ Kg	CaO %	CaO Kg	Al$_2$O$_3$ %	Al$_2$O$_3$ Kg	MgO %	MgO Kg
一批料含量				565		41.74		212.9		0.751		14.04		374.3				266.9		186.8		151.94
还原的数量				563		25.05		206.5		0.751		0.702		40.33								
造渣数量				1.69		16.7		6.386		0		11.94		334				266.9		186.8		151.94

炉　渣　成　份

	SiO$_2$	CaO	Al$_2$O$_3$	MgO	MnO	Cr$_2$O$_3$	FeO	S/2	总计	R$_2$	R$_3$	Ls
Kg	334	267	187	151.9	21.56	9.334	2.178	5.969	978.7	0.799	1.254	17
%	34.1	27.3	19.1	15.52	2.202	0.01	0.223	0.61				7.43

矿石平均成份

Fe	Mn	P	S	SiO$_2$	Al$_2$O$_3$	CaO	MgO
32.83	2.465	0.043	0.097	15.73	5.345	0.352	7.45

各种比数

铬负荷	渣量	焦比(湿)	焦炭负荷	综合负荷	熔剂单耗	云石单耗	矿石单耗
16.417	1144	2057.3	0.9545	0.875	642.91	116.89	1963.8

元素分配系数/%

	Fe	Mn	P	Cr
入铁	99.7	60	100	97
入渣	0.3	40	0	3

生　铁　成　份

	Fe	Si	Mn	P	S	C	Cr	出铁量
Kg	563	18.8	25	0.751	0.702	40.64	206.5	855.5
%	65.8	2.2	2.93	0.088	0.082	4.75	24.14	

理论计算

附录三　作者在攻读博士学位
期间发表的论文

[1]　李一为,丁伟中,游锦洲,等.不锈钢母液制备新工艺.特殊钢,
　　　2002,23(1):23-26(EI已收录).

[2]　李一为,丁伟中,游锦洲,等.铬铁矿在熔融滴下过程中的还原机
　　　理.钢铁研究,2003,15(6):4-8,32.

[3]　李一为,丁伟中,游锦洲,等.255 m³ 高炉冶炼不锈钢母液工业试
　　　验.钢铁,2004,39(4):1-4、53(EI已收录).

[4]　Li Yiwei, Ding Weizhong, Lu Xionggang, Xu Kuangdi. Reduction
　　　Mechanism of Chromite Ore in Blast Furnace. Journal of Iron and
　　　Steel Research (International), 2004,11(4):19-23.

[5]　刘平,丁伟中,李一为.不锈钢母液的凝固点及流动性的实验研
　　　究.铁合金,2004,175(2):8-11.

[6]　李一为,王习东,傅元坤,等.铝镁浇注料的抗渣侵蚀机理.耐火材
　　　料,2002,36(1):24-26.

[7]　李一为,丁伟中,王习东,等.钢包用耐火材料的发展与最新动向.
　　　耐火材料,2002,36(6):56-60.

[8]　Li Yiwei, Wang Xidong, Fu Yuankun , Ding Weizhong. Pattern
　　　Recognition of Properties of Alumina-magnesia Castable and
　　　Optimization of its Technological Parameters. China's Refractories,
　　　2001,10(3):27-30.

[9]　李一为,王习东,傅元坤,等.MgO/Al₂O₃ 比对铝镁浇注料性能的
　　　影响.耐火材料,2001,35(2):81-83.

[10]　李一为,王习东,傅元伸,等.铝镁浇注料性能的模式识别及工艺
　　　参数优化.安徽工业大学学报,2001,18(2):104-106,120.

[11]　李一为,王习东,傅元坤,等.钢包用铝镁浇注料的配比试验研究.
　　　北京:第十一届全国炼钢学术年会,2000:242-246.

致　谢

　　本论文是在丁伟中教授的精心指导和悉心教诲下完成的。从论文的选题、研究方案的确定、实验的开展，到论文的撰写和修改，无不凝聚着丁老师的一片心血。有幸师从丁老师，他学术思想活跃、学识渊博、治学严谨、诲人不倦，使我终身受益。丁老师不仅是我学术上的良师，更是我生活中益友，在生活上他给予了我无微不至的关怀和帮助。在此，谨向导师丁老师表达我内心由衷的敬意和诚挚的谢意！

　　在攻读博士学位期间，上海大学的徐建伦教授、鲁雄刚教授、郑少波博士后、游锦洲博士后给予了我极大的帮助，和他们在学术上的交流，常迸发出思想的火花，使我获益非浅。同时，他们还参与了工业试验的准备和实施工作，为此付出了大量的心血。在此特向他们表示衷心的感谢！

　·　工业试验是在宝钢集团上海一钢公司完成的，特向主持和参与此次试验的公司领导张凯、徐心强、姜敏、方音、杜洪缙等以及所有参加者表示感谢！

　　论文的部分实验工作是由硕士师弟刘平和本科生钱菊完成的，实验工作还得到了钢铁冶金重点实验室的马金昌、杨森龙、董卫麟和陈月娣等老师的大力支持和帮助。在论文完成之际，一并向他们表示由衷的谢意！另外，还要感谢一起学习和生活的学友孙铭山、吴永全、雷作胜、张玉文、陈辉和胡汉涛等博士。

　　本论文的部分工作得到了国家自然科学基金（50174036）的大力资助。求学期间本人还曾获得过由上海大学蔡冠深教育奖励基金会、台湾光华教育基金会提供的奖学金，他们的慷慨资助使求学过程更加充满乐趣和追求。在此向国家自然科学基金委员会和母校上海大学表示感谢！

特别还要感谢的是在整个攻读博士学位期间,始终得到我夫人吴志洁的理解、鼓励和支持,她承担了家庭的重担,我倍感愧疚。还有我们双方的父母和兄弟姐妹,他们不仅从精神上鼓励我,而且更是从物质上给予了无私的资助,对他们的感激无法用语言来描述,也是不能仅用语言来表达的。